JN495825

국 방 체 육

정재극 · 조남민 · 김병진 · 윤필규 · 정태일 공저

도서출판 진 영 사

국 방 체 육

정재극 · 조남민 · 김병진 · 윤필규 · 정태일 공저

2011년 02월 21일 초판 인쇄
2011년 02월 23일 초판 발행
2020년 01월 10일 개정2판 발행
2022년 02월 14일 개정3판 발행
발행인 박 진 영
발행인 박 진 영
발행처 도서출판 진영사
인천광역시 부평구 주부토로 236번지 인천테크노밸리 U1 지식산업센터 B동 1507호
전화 : 032)505-4207
팩스 : 032)505-4206
E-mail : 0183734207@hanmail.net
신고번호 : 제 2007-000001호

ISBN 978-89-6541-452-0 93370
값 17,000원

저자와의 합의로 인지첨부를 생략합니다.
저작권의 보호를 받는 저작물입니다.
내용과 구성의 무단 전재 및 도용을 금합니다.

머리말

첨단화된 군을 운영하는 군 장병들의 체격은 급격한 향상을 가져온 반면, 체력은 이를 뒷받침하기가 어려운 것이 최근의 실정이다. 따라서 모든 군인은 체력단련을 통하여 부여된 임무를 완수할 수 있는 강인한 체력과 여하한 극한상황에서도 이를 극복하고 대처할 수 있는 인내심과 자신력을 배양하여야 한다.

국방체육은 강건한 군인을 육성하는데 있으며, 그 내용과 방법에 있어 사회의 일반체육과 다른 점이 많다. 특히, 전술 및 기술훈련 그리고 각종 지원 업무와 함께 군의 임무를 수행하는데 중요한 역할을 한다. 군이 각종 환경에서 여러 가지 위험에 융통성 있게 대처하기 위하여 각 개인 및 부대의 강인한 체력은 매우 중요하다고 하겠다.

국방체육의 목표는 강인한 체력단련으로 어떠한 임무도 반드시 달성한다는 투철한 군인정신 함양과 부대의 전투능력을 향상시켜야 하므로 장차 군에서 체육활동을 지도할 학생들에게 능력을 배양하기 위하여 발간하였다.

본 교재는 장차 초급간부로 임관할 학생들을 대상으로 국방체육의 기술을 습득하고 장병을 지도할 수 있는 능력배양에 중점을 두었다.

책의 구성은 제1장 국방체육의 정의, 제2장 국방체육 종목별 지도방법, 제3장 군대운동경기, 제4장 특수군대체육, 제5장 응급처치, 제6장 국방체육의 발전방향, 제7장 15주간 체력단련 프로그램 단계적 학습모형, 부록 순으로 엮어 장차 임관하여 전문 체육지도자가 될 수 있도록 하였다.

국방체육을 통하여 매년 실시하는 군 체력검정을 스스로 준비할 수 있으며, 무도, 체육활동 지도를 할 수 있는 능력을 갖추게 될 것이다. 군을 움직이는 건전한 정신에는 건전한 육체가 뒷받침되어야 한다는 자세로 국방체육을 지속적으로 발전시켜 나가야 할 것이다.

2019. 10

저자 일동

차 례

제3장 군대운동경기

제4장 특수군대체육

제5장 응급처지

제6장 국방체육의 발전방향

제7장 15주간 체력단련프로그램 단계적 학습모형

부 록

제1장

국방체육의 정의

1. 국방체육의 개념과 특징
2. 국방체육의 목적
3. 국방체육의 방침
4. 국방체육의 원리
5. 국방체육의 기능과 역할

제1장 국방체육의 정의

1 국방체육의 개념과 특징

1) 개 념

국방체육은 전술 및 기술훈련, 그리고 각종 지원 업무와 함께 군의 임무를 수행하는데 중요한 역할을 한다. 군이 각종 환경에서 여러 가지 위험에 융통성있게 대처하기 위하여 각 개인 및 부대의 강인한 체력의 준비는 매우 중요한 것이다.

장병들이 전투행동에 직접 임하지 않는다고 할지라도 이들은 모두 전투상황하에서 임무를 수행하게 되므로 극도의 신체적, 정신적 긴장아래서도 개인 및 부대의 임무를 수행할 수 있도록 준비되어 있어야 한다.

장차 초급간부로서 장병들의 체육활동을 담당해야할 부사관과 학생들은 임무수행에 지장이 없는 범위내에서 체육훈련에 필요한 시간을 할당하고, 가용한 자재 및 시설을 사용하여 개인 및 부대의 체력 향상을 도모하여 전투력 증강의 기초를 강화할 수 있는 능력을 구비하여야 한다.

2) 특 징

국방체육은 장병의 체력을 향상시키고 전투기질을 함양한다. 신체 적응성을 육성하여 생존능력을 배양하고 전통무술을 계승발전하여 군의 단결과 사기진작을 하고 있다. 체육 훈련계획은 정규시간 계획과 과외시간 계획으로 구분할 수 있다.

정규시간 계획에는 부대훈련계획에 의거 실시하는 체육계획으로서 기초체육계획과 전투체육계획으로 분류된다. 기초체육계획에는 일과표 내에서 체육시간이나 점호시간 등을 활용하는 체육계획으로서 도수체조, 구보, 태권도 등이 포함된다. 전투체육계획에는 부대의 모든 인원이 참가하는 시기에 체력단련, 태권도, 산악행군, 집단체육 등이 포함된다.

과외시간계획에는 공휴일 또는 과외시간 등 여가를 활용하는 것으로서 체력단련을 위주로 철봉, 평행봉, 역기, 구기운동 등이 포함된다. 이시간에는 경쟁심을 유발하여 많은 인원이 참여할 수 있는 기회를 제공하여야 한다.

국방체육의 가장 특징은 백병전에서 승리를 위한 무술훈련을 하고 있다는 것이다. 태권도는 전부대가 실시하고 있으며 특수부대에서는 특공무술을 연마하고 있다. 개인이 기초체력을 바탕으로 궁극적으로는 적과 싸워 이길 수 있는 전투원으로서 생존할 수 있는 체육으로 발전되기 때문에 취미로 하는 경우보다는 강제성과 측정을 통하여 부대성과에 반영하고 있다. 따라서 사회에서 취미로 하는 체육과는 확연이 다르며 종합적인 체육활동을 통하여 임무를 달성하려는 목표가 있어야 하는 것이 국방체육만의 특징이라고 하겠다.

2 국방체육의 목적

국방체육은 강건한 군인을 육성하는 데 목적이 있으며, 그 내용과 방법에 있어 사회체육과는 다르다. 국방체육은 건제 단위로 부대원 전원이 참가하여야 하며 장소에 구애됨이 없이 응집력과 인내심을 배양하여 궁극적으로 전투체질화, 왕성한 군인정신을 배양하는 것을 목적으로 하고 있다.

강인한 체력단련을 통하여 어떠한 임무도 반드시 달성한다는 투철한 군인정신 함양과 부대전투력을 향상시키는데 있어 전장의 악조건을 체육환경에 반영하고 있다. 즉, 기상의 악조건을 극복하고 단결심과 명예심을 강조하여 전투에서 승리를 하고자 하는 마음이 하나가 되기 위하여 평시 부단한 노력의 중심에 초급간부가 있어야 한다는 사실이다. 체육활동을 통해 리더십을 배양하고 일사불란한 지휘체계, 복종심, 솔선수범, 부하들보다 우수한 체력은 전장에서 승리를 가져올 수 있는 바탕이 되고 있는 것이기에 부단한 노력을 해야 한다는 것이다.

3 국방체육의 방침

군에서 실시하고 있는 체력단련의 훈련방향은 개인의 신체조건과 부대훈련계획을 고려하여 기초체력을 강화시킨 후 전투체력, 일반체력으로 연계성을 유지하기 위해서이다. 군인들이 기본적으로 갖추어야 할 유연성, 민첩성, 평형성, 순발력, 근지구력, 전신지구력의 육성에 중점을 두고, 일조점호시 도수체조, 구보를 생활화 하여야 한다. 특히 매일 체력단련을 실시함을 원칙으로 하고 환경을 고려하여 실시하고 있다. 체력훈련의 비율은 기초체력단련 40%, 전투체육 40%, 일반체육20%가 될 수 있도록 균형을 유지하여야 한다.

4 국방 체력단련의 원리

1) 과부하의 원리

체력단련을 효과적으로 수행하기 위해서는 평상시에 부과되는 자극보다 더 높은 수준의 훈련이 가해져야 한다. 즉 신체가 적응하고 있는 정도보다 좀더 강한 부하를 주어 이를 극복하도록 하여야 한다.

2) 점진성의 원리

초기단계에서의 운동은 체력의 부담이 적은 기초운동으로부터 시작하여 몸의 조직과 기관이 변화하는데 맞추어 계단식으로 부하를 증가하여야 한다. 저 수준으로부터 점진적으로 고 수준에 이르는 것은 체육훈련계획을 적용함으로써 가능하다.

3) 전면성의 원리

심신의 체력요인들이 전면적으로 조화롭게 향상되도록 훈련이 되어야 한다.

4) 자가성의 원리

체력단련의 목적이나 의의를 잘 이해하고 스스로 적극적인 단련을 행하는 것이며 이를 위해서는 지도자가 체력단련의 목적, 방법, 이론 등을 충분히 설명할 필요가 있다.

5) 반복성의 원리

체력단련은 반복하여 행함으로써 효과를 얻기 때문에 규칙적으로 장기간 계속 실시하여야 한다.

6) 개별성의 원리

개인차를 고려하여 개인의 체력이나 기능에 따라 체력단련을 행하는 것으로 이를 위해서는 체력이나 기능의 평가 등에 의해 개인을 잘 이해하는 것이 필요하다.

5 국방체육의 기능과 역할

1) 국방체육의 기능

(1) 생리적 기능

① 운동과 골격계

가. 뼈의 성장

규칙적으로 운동을 하면 뼈에 적당한 자극을 주게 되어 뼈가 튼튼하게 자라게 된다. 이는 운동이 뼈의 주요구성성분인 단백질과 칼슘의 공급을 활발히 하여 뼈의 성장을 도와주기 때문이다. 운동을 하지 않고 오랫동안 누워 있으면, 뼈속의 칼슘이 분해되어 소변으로 배설되기 때문에 뼈가 약해진다.

강도가 약한 운동은 뼈에 자극을 주지 않기 때문에 뼈의 성장에 도움이 되지 않는다. 반면 너무 무리한 운동은 오히려 뼈의 발달에 장애가 된다. 따라서 운동을 하여 튼튼한 몸을 만들기 위해서는 자신의 건강과 체력수준에 적합한 운동을 해야 한다. 특히 골밀도가 낮아져 골다공증이 우려되는 사람은 칼슘이 풍부한 음식을 섭취하는 동시에 저항성 운동을 꾸준히 실시해야 한다. 그러면 골밀도가 증가하여 칼슘 균형을 유지할 수 있다. 운동을 통해 골밀도를 높이기 위해서는 걷기 · 조깅 등의 유산소운동을 자신의 최대운동능력의 60~75%, 1회 20~30분 이상, 주당 3~5회 정도 실시해야 한다. 또한 덤벨이나 바벨 등과 같은 웨이트기구를 이용한 저항성운동을 병행하여 뼈에 자극을 주도록 한다. 운동강도는 자신의 최대근력의 60~80% 정도가 적당하다.

나. 관절기능의 발달

적절한 운동은 관절 속에 있는 연골을 두껍게 하고 관절을 잇는 인대를 튼튼하게 하여 그 기능을 향상시켜 주며, 관절주변의 인대나 근육조직을 강화시켜 탈골을 예방한다. 관절연골에는 혈관이 통하지 않아 영양을 공급할 수 없다. 그러나 관절운동을 하면 활액이 많이 흘러나와 관절연골에 충분한 영양을 공급할 수 있게 된다. 연골이 두꺼워지면 뼈끼리의 충격을 완화시킨다.

관절은 인대나 힘줄로 연결되어 있다. 인대가 튼튼해지면 관절의 가동성을 크게 하여 유연성을 높인다. 지나친 운동은 연골과 주변 조직에 나쁜 영향을 줄 수도 있다.

② 운동과 근육계

가. 근육 · 근력발달

근육은 신경자극에 의해 수축과 이완을 반복하여 운동에 필요한 힘을 생성한다. 이러한 힘을 근력이라 하는데, 일반적으로 근력은 근육의 굵기에 비례한다. 운동의 효과 중에서 가장 두드러지게 나타나는 효과는 근육의 발달이다. 규칙적으로 달리기를 많이 한 사람의 다리근육은 운동을 하지 않는 사람들보다 더 발달되어 있다. 또 근육에 영양분을 공급해주는 모세혈관의 수도 증가하며, 골격과 근육을 연결해주는 인대와 같은 조직도 튼튼해진다. 그러나 근육을 오랫동안 사용하지 않으면 굵기가 얇아져서 힘이 약해진다. 일정기간 운동을 꾸준히 실천하면 개인차는 있지만 근육 및 근력이 발달하는 것이다.

나. 근력과 근지구력 증진

규칙적인 운동을 하면 운동 시 동원된 근육이 발달하게 된다. 근력은 근면적에 비례한다. 따라서 근육이 잘 발달된 사람은 그렇지 못한 사람보다 근력발휘량이 크다. 근육의 발달은 근수축에 의한 적응현상으로, 근육섬유의 크기가 커지는 근비대 현상으로 나타난다. 운동을 통해 근육이 잘 발달되면 일상생활에서 피로를 덜 느끼게 된다.

다. 미오글로빈 함량 증가

미오글로빈은 근육 속에서 산소운반을 도와준다. 규칙적인 운동은 미오글로빈 함량을 증가시켜 운동 중 근육에 충분한 산소공급을 가능케 하여 신체활동을 원활하게 해준다.

라. 근육의 에너지이용 능력향상

활동 중 필요한 에너지는 근육에서 생성되는데, 에너지 생성은 산소소비능력과 탄수화물과 지방을 연료로 이용하는 능력에 좌우된다. 규칙적인 지구성운동은 골격근의 에너지생성대사를 촉진시키고, 근육에서 에너지를 저장하는 근글리코겐 저장량을 증진시켜, 장시간 지치지 않고 근활동을 지속적으로 수행할 수 있게 하여 근피로를 덜 느끼게 한다.

③ 운동과 호흡계

가. 안정 시 심박수가 감소하고 최대심박수가 증가한다.

안정 시 심박수는 보통 60~80회/분 이 정상수준이다. 안정 시 심박수가 60회/분 이면 서맥이라 하며, 100회/분 이상이면 빈맥이라 한다. 안정 시 심박수가 낮은 사람은 평소 심장의 부담이 적고 운동에 대한 심장의 예비력이 크기 때문에 유리하다. 반면 안정 시 심박수가 높게 되면 심장의 부담의 크고 쉽게 한계치에 도달하게 되어 운동에 대한 심장의 예비력이 떨어지게 된다.

운동을 통해 심장기능이 발달하면 심박수가 줄어든다. 심박수는 보통 운동을 격력하게 할수록 높아진다. 왜냐하면 힘든 운동일수록 보다 많은 산소와 노폐물을 운반해야하므로 심장의 수축속도가 빨라지기 때문이다. 보통 사람의 안정 시 심박수는 1분간 70~80회 정도이다. 그러나 운동선수의 심박수는 1분간 40~50회 정도이다. 운동 시 심박수는 운동선수가 보통 사람보다 낮다.

한편 심장이 박동할 수 있는 최대치를 최대심박수라 한다. 최대심박수에서 안정 시 심박수를 뺀 심박수를 여유심박수라 하는데, 이는 운동 중 심장이 박동할 수 있는 예비력을 의미하므로 여유심박수가 클수록 심장기능에 여유가 있다고 말할 수 있다. 규칙적으로 운동을 하면 심장에 적응현상이 나타나 안정 시 심박수가 감소하고 최대심박수가 증가하게 된다. 그 결과 여유심박수가 증가하여 심장기능이 향상된다.

목표심박수 계산법은 (220-나이)×운동강도(%)= 목표심박수 이다. 고강도 운동은 85~100%, 중간정도는 70~85%, 낮은 중간강도는 60~70%, 낮은 강도 50~60% 이다.

나. 심장의 용적이 커져 박출량이 증가한다.

장거리달리기와 같은 지구력경기선수들의 심장은 보통 사람의 심장보다 용적이 크다. 이는 운동을 통해 심장용적뿐만 아니라 심장의 벽이 튼튼해지고 수축력도 증가하게 된다는 사실을 의미한다.

심장이 한 번에 박출하는 혈액의 양을 1회박출량이라 한다. 1회박출량이 커지면서 한 번에 많은 혈액을 전신에 공급할 수 있으므로 심장이 천천히 박동하여도 즉, 심박수가 적어도 심장의 역할을 효율적으로 수행할 수 있게 된다.

심박출량은 심장이 1회 펌프작용으로 내보내는 피의 양과 심박수에 의해 결정된다. 운동을 수행하면 심박출량이 증가하게 된다. 운동 중 신체는 보다 많은 산소를 필요로 하므로 1회박출량이 증가하기 때문이다. 보통사람의 안정 시 1회박출량은 약 60~70ml 정도이고, 심박출량은 약 4~5 l 이다. 보통 남자의 1회박출량은 운동 시에 약 110ml이지만, 운동을 많이 하면 160ml 정도로 증가한다. 따라서 심폐지구력을 요하는 종목의 운동선수들은 훈련효과에 의해 좌심실이 비대해져 심장용적이 커지고, 1회박출량이 증가하는 현상이 일반화되어 있는데, 이를 스포츠심장이라 한다. 규칙적인 운동으로 1회박출량이 커지면 심한 활동 중에도 심박수의 큰 증가없이 활동근육에 혈액을 충분히 공급할 수 있으므로 심장의 부담을 줄이고 건강을 유지할 수 있게 된다.

다. 산소섭취능력이 향상된다.

자동차에 기름이 필요하듯이 인체가 움직이려면 에너지가 요구된다. 다행히 인체는 자체적으로 에너지를 생성할 수 있는 능력을 갖고 있다. 그러나 많은 에너지를 지속적으로 생성하기 위하여는 공기 중의 산소를 활동근육으로 끊임없이 공급하여야 한다. 일상생활에서는 에너지소모가 적기 때문에 적은 양의 산소 공급으로도 충분하지만, 운동 중에는 에너지요구량이 증가함에 따라 많은 양의 산소공급이 신속하게 이루어져야 한다. 결국 산소섭취량이 크면 많은 에너지를 만들 수 있는데, 이는 장시간 운동을 수행할 수 있음을 의미한다.

④ 운동과 신경계

가. 협응력의 향상

협응력이란 신체의 여러 기관이 정확하고 원활하게 조화를 이루어 운동을 효율적으로 실행하는 능력을 말한다. 예를 들면 테니스에서 스트로크를 할 때 처음에는 많은 실수를 하지만 꾸준히 연습하면 눈, 귀와 팔다리의 협응동작이 향상되어 타이밍과 리듬감이 좋아져 성공률이 높아진다. 운동을 꾸준히 반복하면 신경계에 변화가 생겨, 하고자 하는 운동을 적은 에너지로 쉽고 정확하게 할 수 있도록 신경과 근육의 협응력이 향상된다.

나. 조정력의 발달

높은 수준의 기술을 필요로 하는 운동일수록 조정력의 영향이 크다. 재빠르고 재치있는 동작과 정확한 동작들을 복합적으로 잘 할 수 있는 사람은 조정력이 뛰어나다. 이것은 신경과 근육과의 협조가 원활하게 이루어지는 결과인데, 운동이 신경계에 미치는 가장 큰 효과이다.

다. 반응시간의 단축

반응시간이란 외부의 자극을 받고 신체의 반응이 나타날 때까지의 시간이다. 이때 일어나는 신체운동을 반응운동이라고 한다. 이러한 반응운동을 적절히 반복하면 대뇌의 지배를 받지 않는 반사운동으로 변하게 되어 반응시간이 짧아진다. 운동을 할 때 처음에 잘 되지 않던 동작이 연습을 통해 정확하게 할 수 있는 이유는 신경계의 기능이 높아져 반사동작으로 바뀌어 반응시간이 단축되었기 때문이다.

(2) 심리적 기능

운동이 주는 정신적 효과를 양으로 나타내기는 어렵지만 운동을 계속해야 하는 이유로서 자주 이야기 된다. '건전한 육체에 건전한 정신', '몸과 마음은 하나'라는 견해에 따른다면 당연히 운동은 마음에도 영향을 줄 것이다. 모두 적당한 운동 후에 상쾌함을 경험했듯이 복잡하고 바쁜 일상속에서도 시간을 내어 규칙적으로 하는 운동은 긴장을 완화시킬 뿐만 아니라 스트레스를 해소함으로써 마음의 여유를 찾아주기도 한다.

① 스트레스 해소

규칙적인 운동은 스트레스에 대한 반응으로 인해 생성된 화학적 부산물을 제거시키는 것으로 알려져 있다. 이들 생화학적 물질의 제거는 신경계를 스트레스에서 회복하는 시간을 단축시켜 안정상태로 돌아가는 것을 촉진시킨다.

② 불안과 우울증의 완화

현재까지 대다수의 연구가 규칙적인 운동은 불안을 감소시키며 우울증의 개선에도 도움이 된다고 밝히고 있다. 수많은 연구들을 종합하여 분석한 결과 무산소성운동에 비해 유산소운동이 더 효과적으로 나타났다. 그리고 운동기간이 적어도 10주 이상되어야 우울증 개선에도 도움이 되며, 체력수준은 낮고 불안수준이 높을 때 운동이 불안감소에 효과가 있는 것으로 나타났다.

③ 긍정적인 기분전환

운동 후에 기분이 좋아지고, 걱정이나 통증이 사라지는 현상을 종종 경험해보았을 것이다. 운동을 하면 혈액 속으로 엔돌핀이 발산된다. 엔돌핀은 고통을 줄여주어 평화롭고 안정된 마음상태를 해주는 촉진제로 작용한다. 운동강도가 높을수록, 운동시간이 길어질수록 엔돌핀 분비는 증가하게 된다. 운동 후 시간이

지남에 따라 체내의 엔돌핀 수준은 점차 감소되기 때문에 힘든 등산 직후에는 몸이 아프지 않지만 자고 일어나면 온몸이 뻐근하고 당기는 현상이 나타나는 것이다.

④ 자아존중감의 향상

나이와 성에 관계없이 운동은 사람들의 자아존중감을 향상시킨다. 규칙적인 유산소운동은 체지방을 제거하여 몸매를 아름답게 만들어 준다. 자신의 몸매가 좋아지면 스스로 느끼는 감정도 좋아지고 자신감을 갖게 된다. 더욱이 운동으로 근력·유연성 등이 향상되어 컨디션이 좋아지면 신체외형에도 자신을 갖게 된다.

⑤ 인지기능의 향상

운동기간이 길고 짧음에 관계없이 신체활동은 인지기능을 증진시키는 것으로 알려져 있다. 특히 규칙적으로 장시간 유산소운동을 하면 최대산소섭취량을 증가시켜 뇌활동에 필요한 산소를 충분하게 공급할 수 있기 때문에 인지기능을 향상시킨다.

⑥ 편안한 수면의 증가

운동 후에는 잠자는 시간이 증가하며, 유산소운동은 깊은 잠을 방해하는 급속안구운동수면(수면 중 안구가 움직이는 현상)을 감소시키는 것으로 나타났다. 또한 장기간의 운동은 전체수면시간을 증가시키고, 빨리 잠이 오게 하며, 서파를 증가시켜 편안하고 깊게 잠잘 수 있게 해주는 것으로 밝혀졌다.

(3) 사회적 기능

① 건전여가활동의 영위

첨단화된 군의 장비는 전투병이 해야할 일을 감소시켜주고 있다. 또한 최전방을 제외하고 주 5일 근무제의 확산으로 점차 여가시간은 증가되고 있다. 이에 따라 더 많은 자유시간을 소유하게 되므로, 이러한 여가시간에 대한 대처가 개인적으로나 군대적으로 매우 중요한 의미를 갖게 되었다. 결국 개인적으로 매일매일 긴장의 연속에서 벗어나 하루의 피로를 풀고 내일의 생활설계를 위한 밑거름이 될 생동감이나 행복감을 맛볼 수 있는 대상을 여가시간에 추구할 필요성이 생긴 것이다.

국방체육은 영내에서의 기분전환과 생활의 즐거움을 주는 신선한 자극이 되어야 한다.

② 긴장과 갈등의 해소

군의 특성상 긴장과 갈등은 연속될 것이다. 국방체육에는 이를 정화하는 기능과 관련이 있다. 체육활동은 일반적인 긴장, 공격성 및 좌절감과 같은 파괴본능을 안전하면서도 효과적으로 방출하게 만든다. 만일 긴장이나 갈등의 감정을 무해한 방향으로 분출시키지 않는다면 자신이나 타인에게 정서적·심리적 위해뿐만 아니라 신체적 가해를 일으킬 잠재적 가능성을 가지게 될 것이다. 체육은 바로 이러한 극단적인 감정인 노여움, 미움, 슬픔 등의 정서적 앙금을 발산시키는 기회를 제공함으로써 사고예방에도 기여하고 있다.

③ 유대감 및 우애감 생성

국방체육은 강한 연대의식, 단결, 소속감, 친밀감, 친교 등의 감정을 유발시키는 잠재력을 지니고 있다. 그리하여 상당히 강한 정의적 유대가 체육 참가집단에게 형성된다. 응원을 하면서 참관을 하더라도 단결과 연대의식이 생성되며 친밀감이 더욱 향상된다는 사실이다.

④ 체제의 유지

국방체육은 소속부대의 규범을 학습하게 하여 내면시킨다. 체육활동을 통하여 군에 적합한 사고, 감정 및 행동양식을 습득하여 군대 일원으로서 차질 없이 부대임무에 적응할 수 있도록 교육한다. 결국 국방체육은 군대에서 생활원리와 조화를 이루고 살아가도록 교육시키고 승리를 추구하는 경쟁적 경기활동을 통하여 고도의 전술전기를 연마하도록 유도하고 있다. 결국 소부대 단위로부터 대부대까지 일치단결을 시킬 수 있는 것이 체육활동인 것이다.

2) 국방체육의 역할

(1) 인간성 회복

군에 입대하는 병사들의 경우 혼자 성장한 경우가 많아 개인주의 성향이 뚜렷하여 개성이 강하고 단결심, 협동심, 희생정신이 결여되어 있으며 단체생활에 대한 적응능력이 떨어지고 있는 실정이다. 전국 팔도에서 모인 각양각색의 젊은 청춘들을 하나로 응집시켜 군대를 영위하기 위해서는 국방체육의 필요성이 대두되는 이유이다. 국방체육은 소외되기 쉬운 인간성을 되찾게 하고 인간성 회복을 꾀할 수 있게 해준다. 그 이유는 바로 체육활동에 내재되어 있는 유연성, 명랑성, 친교성, 창조성, 공동성, 사회성, 도덕성 등이 그대로 발휘되는 건강하고 유쾌한 병영, 건강한 병사를 육성하는데 국방체육속에 내재되어 있기 때문이다. 따라서 파괴되어 가는 인간성을 회복하고, 전인적 인간완성을 지향하는 수단으로서 국방체육의 본질적 역할 기능을 인식할 수 있을 것이다.

(2) 임무수행완성

국방체육은 장병들이 전투형 체력능력을 구비하는 것이기 때문에 신체적 및 전투기술 훈련단계의 임무를 수행하여야만 효과를 거둘 수 있다. 기초체력이 완성되고 전투체력과 일반체육을 숙달하여 전투형 체력능력을 완성하기 위해서는 체육활동을 게을리 해서는 안되는 것이다. 그러나 경제성장에 따라 장병들의 체격은 급격한 향상을 가져온 반면, 체력은 이를 뒷받침하기가 어려운 것이 현재의 실상이다. 따라서 모든 군인은 체력단련을 통하여 부여된 임무를 완수할 수 있는 강인한 체력과 여하한 극한상황에서도 이를 극복하고 대처할 수 있는 인내심과 자신력을 배양하여야 한다.

(3) 단결심

국방체육에서 실시하는 집단체력단련은 단련된 기초 및 개인체력을 바탕으로 장병들이 집단경기를 통하여 투지와 부대의 단결심과 협동심을 배양하고 공세기질의 운동을 통하여 소부대 단위 경쟁심과 응집력을 강화하고 있다. 특히 부대

대항 체육대회에서는 전장의 승패로 생각하여 스포츠정신을 망각하는 경우가 일부 있어 부작용도 있지만 부대원 전체가 혼연일체가 될 수 있는 가장 좋은 방법임에는 이의가 없다는 것이다. 지나친 승부욕은 제외될 수 있도록 양성기관에서부터 교육이 되어야 할 것이다.

제2장

국방체육 종목별 지도 방법

1. 국군도수체조
2. 스트레칭
3. 태권도
4. 오래달리기(1.5km, 3km)
5. 웨이트 트레이닝

제2장 국방체육 종목별 지도 방법

1 국군도수체조

국군 도수체조(國軍徒手體操)는 맨손으로 하는 체조라는 뜻으로 대한민국 국군에서 실시하는 기본적인 체력단련 체조를 말한다. 간단히 도수체조라고 부른다. 도수체조는 심신의 조화 및 균형적 발달을 기하고 신체상의 결함이나 이상 체형을 교정해 줌으로써 건강하고 이상적인 신체발달을 도모하는 운동이다. 도수체조의 기본적 운동형식은 팔, 다리, 목, 가슴, 옆구리, 등배, 몸통의 7가지 부위로 구분되며 이는 심장에서 먼 부위로부터 순차적으로 시작하게 되므로 그 움직임이 간단하고 약한 운동에서 점차 복잡하고 강한 운동으로 나아가게 된다. 체조실시상 유의할 점으로는 ① 순서를 정확하게 지켜 실시하여야 한다. ② 동작은 부드럽게 운동량은 크게 한다. ③ 동작은 호흡에 맞추어 율동있게 한다. ④ 근의 긴장과 이완을 확실하게 한다. ⑤ 동작의 미와 몸의 자세를 바르게 하여야 한다. 체조를 2회 반복하여 실시 할때는 10번 뜀뛰기 운동을 마친 다음 다시 1번 다리 운동부터 시작하여 12번 숨쉬기 운동에서 끝난다.

1) 국군도수체조의 순서

① 다리(다리굽혀 펴기) ② 팔(팔굽혀펴기, 휘돌리기) ③ 목(목 굽히기, 휘돌리기) ④ 가슴(팔 옆으로 벌려 가슴펴기) ⑤ 옆구리(몸 옆으로 굽히기) ⑥ 등배(몸 앞뒤로 굽히기) ⑦ 몸통(몸통 옆으로 돌리기) ⑧ 팔다리(팔 옆으로 눕히기) ⑨ 온몸(몸 옆으로 눕히기) ⑩ 뜀뛰기(제자리 발 벌려 모아뛰기) ⑪ 팔다리(팔 옆으로 들어 흔들며 허벅다리 들기) ⑫ 숨쉬기(숨고르기)

2) 동작별 실시 방법

(1) 다리(다리굽혀 펴기)

① 발 뒷발꿈치를 들고 팔을 앞으로 든다.
② 무릎을 굽혀펴고 팔을 내려 몸옆을 스쳐 옆으로 들어올린다.
③ 무릎을 굽혀 펴며 팔은 몸옆을 스쳐 앞으로 들어올린다.
④ 발꿈치를 내리며 팔을 앞으로부터 내린다.
⑤ 양손을 무릎에 대고 무릎을 뒤로 민다.
⑥ 발꿈치를 들고 무릎을 굽혀서 앉는다.
⑦ 무릎을 펴고 바른자세로 선다.

※ 주의사항

- 팔들어 흔들기에서 팔의 높이는 어깨보다 올라가지 않도록 해야 한다.
- 무릎을 펼 때 양팔꿈치는 바깥쪽을 향하게 하며 힘껏 밀어주도록 한다.

(2) 팔운동(팔굽혀 펴기, 휘돌리기)

① 주먹을 가볍게 쥐고 양팔을 위로 든다.
② 양손이 어깨높이가 되게 팔을 굽혔다가 위로 편다.
③ 팔을 앞으로부터 내려 옆으로 든다.
④ 양팔을 안쪽으로 휘돌린다.
⑤ 다시 양팔을 밖으로 휘돌린다.(마지막은 팔을 옆으로 든다)

※ 주의사항

- 팔을 위로 펼 때 팔이 양귀의 선을 스쳐서 올라가도록 한다.
- 팔을 휘돌린 때에 팔꿈치를 굽히지 말고 큰 원을 그리도록 한다.

(3) 목(목 굽히기, 휘돌리기)

① 왼발을 옆으로 내며 양손은 허리에 짚고 목을 뒤로 제낀다.
② 목을 앞으로 굽힌다.
③ 목을 왼쪽으로부터 휘돌리고 다음은 반대쪽으로 휘돌린다.

※ 주의사항

- 굽히기를 할 때 절도를 강조함이 없이 머리를 최대한으로 굽히도록 하고 휘돌릴 때에도 같은 요령으로 충분히 한다.

(4) 가슴(팔 옆으로 벌려 가슴펴기)

① 손끝을 펴서 팔을 앞으로 든다(손바닥은 아래로).
② 가슴앞에 양팔을 굽힌다.
③ 팔을 앞으로 내밀어 옆으로 벌린다.
④ 팔을 앞으로 들어 뒤로 내민다.
⑤ 팔을 앞으로 든다(손의 엄지를 위로하여 가볍게 쥔다).
⑥ 왼무릎을 굽혀 앞으로 내며 팔을 옆으로 벌려 모은다.
⑦ 바른 자세로 돌아온다.

※ 주의사항

- 팔을 앞가슴에 당길 때 양팔꿈치가 내려가지 않도록 한다.
- 무릎굽혀 한발 앞으로 냈을때 뒷다리의 무릎이 굽혀지지 않도록 한다.
- 팔을 옆으로 벌렸을 때 어깨높이보다 낮아지지 않도록 한다.

(5) 옆구리(몸 옆으로 굽히기)

① 왼무릎을 굽혀 벌리고 팔을 옆으로 든다.
② 왼팔을 위로 오른손을 허리에 대고 몸을 오른편으로 굽힌다(반동이용).
③ 다시 한번 굽히고 바른자세로 돌아와 반대 방향으로 실시한다.

※ 주의사항

- 몸을 반듯이 옆으로 굽히며 윗팔의 팔꿈치가 굽혀지지 않도록 한다.

(6) 등배(몸 앞뒤로 굽히기)

① 왼발을 옆으로 벌리며 팔을 앞으로부터 든다.
② 팔을 앞으로 내리고 몸을 앞으로 굽힌다.(반동 이용)

③ 양손을 다리사이로 내밀며 몸을 굽힌다.
④ 몸을 일으키며 팔을 뒤로 휘돌려 앞으로 든다.
⑤ 양손을 뒤 허리에 댄다.
⑥ 양손을 뒤 허리에 댄채 몸을 뒤로 굽힌다.
⑦ 몸을 일으키고 굽힐 때 충분히 굽힌다.

(7) 몸통(몸통 옆으로 돌리기)

① 팔을 앞으로 든다.
② 왼무릎을 굽혀 옆으로 벌리며 오른손을 허리에 대고 왼팔을 옆으로 벌려 몸통 왼편으로 돌린다.(무릎의 반동을 이용한다)
③ 다시 바른자세로 돌아와 선다.
④ 다시 반대쪽으로 실시한다.

※ 주의사항

- 몸을 옆으로 돌릴 때 뒷다리의 무릎을 굽히지 말 것이며 양발바닥을 땅에서 떼지 말도록 한다.

(8) 팔다리(팔 옆으로 들어 흔들며 다리 들기)

① 손가락을 펴서 팔을 옆으로 든다.
② 손을 어깨에 대며 팔을 굽힌다.
③ 팔을 위로 편다.
④ 팔을 옆으로부터 몸앞에 엇건다.
⑤ 팔을 옆으로 들어 흔들며 왼다리를 옆으로 든다.(가볍게 주먹을 쥔다)
⑥ 팔을 내려 몸앞에 엇걸며 왼다리를 바로 한다.
⑦ 다시 반대방향으로 실시하고 바른 자세로 돌아온다.

※ 주의사항

- 팔을 몸앞에 엇걸 때 팔꿈치가 몸옆에 붙도록 하며 뒤쪽으로 젖힌다.

(9) 온몸(몸 옆으로 눕히기)

① 양손을 어깨높이로 하여 팔을 굽힌다.
② 왼무릎을 굽혀 옆으로 내려 왼쪽 손바닥을 위로 펴고 오른팔은 손바닥 아래로 펴며 몸을 왼편으로 눕힌다.
③ 오른팔을 옆으로부터 위로 든다.
④ 팔을 옆으로부터 내리며 바른 자세로 되돌아 온다.
⑤ 다시 반대쪽으로 실시한다.

※ 주의사항

- 몸을 옆으로 눕힐 때 다리, 몸통, 팔의선이 직선이 되도록 한다.

(10) 뜀뛰기(제자리 발벌려 모아뛰기)

① 모듬발로 제자리뜀뛰기를 한다.
② 팔을 옆으로부터 위로 들며 다리벌려 뜀뛴다.
③ 최후동작으로 팔을 내려 바른자세가 된다.

※ 주의사항

- 발끝으로 경쾌하게 뜀뛴다.
- 팔을 위로 들 때 팔꿈치는 펴고 손뻑치지 않도록 한다.

(11) 팔다리(팔 옆으로 들어 흔들며 허벅다리 들기)

① 무릎을 펴며 팔을 옆으로 들어 흔들고 왼무릎을 굽혀 허벅다리를 든다.
② 팔을 내려 몸앞에 엇걸며 무릎을 내린다.
③ 팔을 옆으로 들어 흔들며 오른무릎을 굽혀 허벅다리를 든다.
④ 발꿈치를 들고 팔을 옆으로 들어 흔든다.
⑤ 무릎을 굽히고 팔을 내려 몸앞에 엇건다.
⑥ 발꿈치와 팔을 내린다.

※ 주의사항

- 허벅다리 들기에서는 직각이 되도록 한다.
- 발등을 땅쪽으로 내려 편다.

(12) 숨쉬기(숨고르기)

① 팔을 앞으로부터 위로 들며 고개를 들고 숨을 들이쉰다.
② 팔을 양옆으로 내려 양손을 앞으로 교차하며 고개를 숙이고 숨을 내쉰다.
③ 뒷발꿈치를 들고 양손을 어깨 높이로 올리면서 숨을 들이쉰다.
④ 뒷발꿈치와 팔을 내리며 숨을 내쉰다.

2 스트레칭

유연성이 좋으면 근육과 관절에 긍정적인 효과가 있다고 알려져 있다. 좋은 유연성은 부상을 방지하고, 근육 통증을 최소화시키고, 모든 신체활동의 효율성을 높여주는데 도움이 된다. 좋은 유연성은 근육의 탄력에도 도움을 주며 관절에 더 넓은 가동범위를 제공한다. 그것은 신체동작과 일상적인 활동에서 편이성을 제공한다. 허리를 숙이거나 신발끈을 매는 것과 같은 간단한 일상적인 행동도 유연성이 좋으면 더 편하게 할 수 있다.

영내에서 스트레칭은 매일점호시간에 일부실시 하지만 대개가 신체하부 근육군에 집중되는 매우 간단한 일상적인 스트레칭을 실시한다. 일상적인 스트레칭에 소비된 전체 시간은 거의 5분을 초과하지 않는다. 사람들은 특정 근육을 겨우 15초 이내에서 스트레칭하는 경향이 있다. 더욱이 스트레칭은 운동세션(session) 시작에 한다. 심지어 스포츠 트레이닝에서 조차도 스트레칭은 전체 훈련프로그램에서 아주 작은 비중을 차지한다. 운동선수는 일반 사람보다 스트레칭에 조금 더 긴 시간을 할애한다. 왜냐하면 스트레칭이 대개는 워밍업 프로그램의 일부이기 때문이다. 그러나 운동 후에는 대부분의 운동선수들은 다른 스트레칭을 하기에는 너무 지쳐있거나, 스트레칭을 하기 위해 시간을 내지 않는다. 스트레칭이 가장 효과적이기 위해서는 일상적인 운동 전에 실시하는 워밍업과 운동이 끝난 후 쿨다운(마무리 운동)의 일부분으로서 수행되어야 한다.

스트레칭 운동을 하면 부상을 줄이는데 필요한 증가된 유연성의 형태는 운동 바로 전의 스트레칭 운동에서 나오지 않는다는 것이다. 오히려 부상감소에 도움이 되는 증가된 유연성은 몇 주간의 스트레칭 트레이닝을 통해서 생긴다. 추가

적인 연구에서는 최소 10분간의 규칙적인 강도 높은 스트레칭은 신경-근육-건 단위에서 몇가지 중요한 효과적인 변화를 가져온다고 한다. 즉 근력증가와 지구력 획득뿐만 아니라 유연성과 가동성도 개선된다고 한다.

1) 스트레칭 효과

일반적으로 신체일부를 관절 움직임의 증가가 있는 방향으로 움직이는 것을 필요로 하는 어떤 동작도 스트레칭 운동이라고 할 수 있다. 스트레칭은 능동적으로 혹은 수동적으로 수행된다. 스트레칭을 하는 사람이 스트레칭을 한 자세에서 신체 일부분을 유지하고 있을 때 능동적 스트레칭이 일어난다. 누군가 다른 사람이 한 사람을 스트레칭 자세로 움직이게 하고 그 자세에서 일정시간동안 유지하게 할 때 수동 스트레칭이 일어난다. 다음은 규칙적인 스트레칭 프로그램을 통해서 얻을 수 있는 몇 가지 지속적인 트레이닝 효과들이다.

① 유연성, 체력(근 지구력), 그리고 근력을 개선시킨다. 효과의 정도는 얼마나 많은 스트레스가 근육에 가해졌는가에 달려있다. 중간 혹은 강한 스트레칭이 권장된다. 고강도로 오랫동안 스트레칭 함으로써 이런 효과를 볼 수 있다.

② 근육통증을 감소시킨다. 근육통증이 계속되면 매우 가벼운 스트레칭만 한다.

③ 정적 스트레칭이나 고유수용성 신경근 촉진법스트레칭으로 유연성을 개선시킨다. 중간 혹은 강한 스트레칭이 권장된다.

④ 근육과 관절의 가동성을 향상시킨다.

⑤ 근육 움직임과 동작의 유동성이 더 효과적으로 된다.

⑥ 더 넓은 가동범위를 통하여 근력을 극대화시킨다.

⑦ 허리에 발생할 수 있는 몇 가지 문제들을 예방한다.

⑧ 몸매와 자아상을 개선시킨다.

⑨ 체형과 자세를 개선시킨다.

⑩ 운동 세션에서 더 나은 워밍업과 쿨다운이 이루어지게 한다.

2) 신체 기능별 스트레칭

(1) 목

목 근육은 전 삼각형과 후 삼각형이라 불리는 두 개의 삼각형 모양의 부위에 위치해 있다. 전 삼각형의 경계는 하악골(아래턱뼈), 흉골(가슴뼈), 흉쇄유돌근이다. 앞에 있는 주요 근육은 흉쇄유돌근과 사각근이다. 후 삼각형의 경계는 쇄골(빗장뼈), 흉쇄유돌근, 승모근이다. 주요한 후면 근육들은 승모근, 두최장근, 두반극근, 두판상근이다. 목에 있는 근육들은 주로 머리를 지지하고 움직이는데 관련이 있다. 머리 움직임은 굴곡(머리를 앞으로 숙이기), 신전(머리를 뒤로 젖히기), 측면 굴곡과 신전, 그리고 회전이다. 목 근육은 좌우 짝으로 있기 때문에, 모든 목 근육은 측면 굴곡과 신전에 관련되어 있다. 목의 주요 근육은 목 회전과 관련되어 있기 때문에 목 근육을 스트레칭 하는 것은 아주 쉽다. 특정한 목 스트레칭을 선택할 때 먼저 고려해야 할 점은 굴곡 또는 신전 시킬 때 더 큰 긴장이 일어나는가이다.

과도한 스트레칭은 이로움보다 해로움을 더 일으킨다는 것을 기억해야 한다. 때때로 근육은 과도한 스트레칭으로 인해 뻣뻣해진다. 스트레칭은 근육의 긴장을 감소시킬 수 있다. 각각의 운동단계에서 가장 긴장이 덜한 자세에서 시작하고, 며칠간의 스트레칭 후에 운동하는 동안 근육의 긴장도가 없음을 느낄 때에야 비로서 다음 단계로 넘어간다. 이것은 주동근(움직임을 일으키는 근육)과 길항근(반대 반향의 움직임을 일으키는 근육)모두를 스트레칭 해야 한다는 것을 의미한다.

▢ 스트레칭 방법

스트레칭	테크닉	설 명
목 신전근 스트레칭	• 앉거나 똑바로 선다. • 목 뒷덜미 가까이 머리 뒤에 손을 깍지 낀다. • 머리를 가볍게 앞으로 숙이고 턱을 가슴에 닿으려고 시도한다.	앉아 있을 때 더 큰 스트레칭이 가해진다. 반사작용이 균형상실을 막으려고 작용하기 때문에 서 있는 자세는 스트레칭 능력을 감소시킨다. 스트레칭하는 동안 어깨를 구부려서 스트레칭 효과를 감소시켜서는 안된다.

목 신전근 회전 스트레칭	• 똑바로 앉거나 선다. • 오른손을 목 뒷덜미 가까이 머리뒤에 놓는다. • 머리를 우측 아래쪽으로 잡아 당기고, 가능하면 아래턱이 우측 어깨에 가깝게 닿도록 한다.	목 신전근이 유연할 때, 좌우측으로 동시에 스트레칭하는 것으로부터 시작해서 각각 개별적으로 반대쪽으로 스트레칭하는 것으로 진행한다.

(2) 어깨, 등, 가슴

어깨관절의 뼈에는 상완골(윗팔뼈), 견갑골(어깨날), 쇄골(빗장뼈)이 있다. 견갑골과 쇄골은 기본적으로 흉곽위에 “떠 있다(float).” 그러므로 등 상부와 가슴에 있는 많은 근육의 주요 기능은 견갑골과 쇄골을 흉곽과 척추에 부착시키는 것이다. 이것은 팔과 어깨동작을 위한 안정된 받침을 제공한다. 스트레칭을 하기 위해서는 스트레칭하려는 특정 근육 운동의 반대 방향으로 한 가지 또는 그 이상의 스트레칭을 해야 한다. 예를 들면 전거근을 스트레칭을 하기 원하면 어깨 내림, 어깨 뒷당김(수축), 어깨 내전을 포함하는 동작을 해야 한다. 근육이 강하게 경직되어 있으면 동시에 하는 반대쪽 동작을 가능하면 더 적게 해야 한다. 근육이 풀어지면 동시에 하는 반대쪽 동작을 더 많이 실시할 수 있다.

□ 스트레칭 방법

스트레칭	테크닉	설 명
어깨 굴곡근스트레칭	• 문 중앙이나 옆으로 마주하여 선다. • 한 발을 다른 발보다 약간 앞으로 어깨넓이로 내민다. • 팔을 펴서 어깨 높이로 올리고 손바닥을 벽이나 문틀에 엄지손가락을 위로 향해서 놓는다. • 몸 전체를 앞으로 기울인다.	팔꿈치를 펴고 척추를 똑바로 한다. 앞으로 더 크게 기울일수록 스트레칭 효과가 더 크다. 어깨 굴곡근 스트레칭과 목 신전근 스트레칭을 동시에 하는 것이 가능하다. 그러나 두 손으로 머리를 아래로 밀지 않고서도 이 자체의 운동만으로 낮은 강도의 목 신전근 스트레칭이 될 것이다.

어깨 내전근 스트레칭	• 발을 어깨넓이로 벌리고 똑바로 선다. • 왼팔을 몸통 앞을 가로질러서 왼손이 오른쪽 엉덩이 가까이 오도록 한다. • 오른손으로 왼쪽 팔꿈치를 잡는다. • 오른손으로 왼쪽 팔꿈치를 오른쪽 몸통 근처 및 아래쪽으로 잡아당긴다.	최대화하기 위해서는 어깨를 올리거나 허리 부분에서 구부리지 말아야 한다. 손이 엉덩이 쪽으로 가능한 한 가까이 가게 한다. 팔이 어깨 아래 있을 때 스트레칭은 정해진 근육에 효과적으로 작용한다.(머리위로 잡아 당기는 방법도 응용할 수 있다) ※ 내전근 : 인체의 축으로 가까워지는 작용을 하는 근육
한 팔 어깨 굴곡근 스트레칭	• 왼팔을 등 뒤로 하고 팔꿈치는 약 90도 구부린 채로 똑바로 선다(또는 의자에 앉는다). • 발가락을 앞으로 향하게 하고 어깨넓이로 발을 벌린다. • 오른손으로 왼쪽 팔꿈치를 잡는다. • 등을 가로질러 오른쪽 어깨를 향하여 왼팔을 위로 잡아당긴다.	팔꿈치에 닿을 수 없다면 손목을 잡는다. 손목을 잡아당길 때 등을 가로질러 팔을 잡아당기는 것이 쉽다. 그러나 등을 가로질러 위로 당길 때만 가장 좋은 효과가 나타난다. 또한 팔꿈치를 거의 90도 가까이 꺽은 채로 유지한다. 만약 등을 똑바로 유지할 수 없다면 등을 앞으로 구부리는 것이 허리에서 옆으로 구부리는 것보다 더 좋다.
어깨 내전근과 신전근 스트레칭	• 출입구를 바라보며 웅크리는 자세로 선다. 오른쪽 어깨를 문기둥의 왼쪽 면과 일치하게 한다. • 출입구 향하여 오른팔을 부착시킨다. 오른손으로 어깨 높이 위의 문기둥 안쪽을 잡는다. • 오른팔을 똑바로 펴고 발을 굳건하게 받친 상태에서 엉덩이를 바닥쪽으로 내린다.	더 낮은 웅크린 자세에서는 더 큰 스트레칭이 일어난다. 그러나 너무 낮게 웅크리고 앉아서 다리나 무릎에 통증을 느끼지 않도록 주의해야 한다. 무릎의 긴장을 감소시키기 위하여 문기둥을 잡는 곳에서 자세를 바꾼다. 잡는 위치를 바꾸는 것은 서로 다른 위치에 있는 근육의 스트레칭의 양에 영향을 준다.

앉아서 어깨 굴곡근 내림근 수축근 스트레칭	• 두 다리 펴고 바닥에 앉는다. • 두 팔을 똑바로 유지하는 동안 손바닥을(손가락은 뒤로 향하게 하고)엉덩이에서 약30cm 떨어지게 하여 바닥에 둔다. • 팔을 똑바로 편 상태에서 바닥을 향해 뒤로 기울인다.	스트레칭을 최대화하기 위하여 두 팔을 똑바로 유지한다. 팔을 펴는 것이 어렵다면 두 손을 엉덩이에 가깝게 둔다. 손은 엉덩이에서 더 멀리 떨어져 놓으면 스트레칭은 증가된다. 몸이 바닥을 따라 미끄러지는 것을 막기 위해서는 발바닥을 벽에 대고 받침대로 이용하는 것이 좋다.

(3) 팔, 손목, 손

팔, 팔꿈치는 중요 관절은 경첩관절이다. 따라서 굽히거나 펴는 능력만 갖고 있다. 그 결과 팔꿈치를 굽히는 근육들(상완이두근, 상완근, 상완요골근, 원회내근)은 전면에 위치하고, 펴는 근육들(팔꿈치근, 상완삼두근)은 후면에 위치한다. 팔꿈치와 손목을 움직이는 근육을 스트레칭하는 것은 부상을 완화시키고, 때로는 지나친 사용으로 인한 부상을 막는데 도움이 된다. 스트레칭은 반대 동작에 더 저항성이 있기 때문에 긴장된 근육은 손상받기가 쉽다. 손목 신전근이 긴장하면 통증은 팔꿈치에서 일어난다. 손목 굴곡근의 지속적인 스트레칭은 건을 강화시킬 수 있으며, 미래에 발생될 수 있는 문제를 약화시키는데 도움이 될 수 있다.

□ **스트레칭 방법**

스트레칭	테크닉	설 명
팔꿈치 굴곡근 스트레칭	• 출입구에 선다. • 팔을 똑바로 펴서 왼팔을 어깨 높이까지 들어올린다. • 엄지손가락을 위로 향하게 해서 팔과 손바닥을 벽에 댄다. • 상체를 벽을 향해 뒤로 회전한다.	견고하게 고정된 수직 폴대를 잡고 하는 것이 더 쉽다. 이 스트레칭이 효과적이기 위해서는 팔꿈치를 펴는 것이 좋다. 팔을 어깨 높이로 올리는 것이 더 좋지만, 팔을 올리는 높이에 상관없이 효과가 좋다.

팔꿈치 신전근 스트레칭 (상완삼두근)	• 왼팔을 팔꿈치에서 굽혀서 똑바로 서거나 앉는다. • 팔꿈치가 왼쪽 귀 옆에, 왼손이 오른쪽 어깨 날 가까이에 올 때까지 왼팔을 들어올린다. • 오른손으로 왼쪽 팔꿈치를 잡고 머리 뒤에서 바닥 쪽으로 왼쪽 팔꿈치를 잡아당기거나 민다.	등받이가 있는 의자에서 하면 균형을 더 잘 잡을 수 있다. 몸이 균형을 잡으면 더 큰 스트레칭힘이 근육에 적용될 수 있다.
팔꿈치 신전근 스트레칭 (주근)	• 테이블을 보고 똑바로 서거나 앉는다. • 팔꿈치를 구부리고 손바닥을 위로 하여 전완을 테이블에 놓는다. • 가슴을 테이블 쪽으로 당기면서 앞으로 기울인다.	가장 큰 스트레칭이 되기 위해서는 전완과 팔꿈치를 테이블 위에 평행하게 닿게 해야 한다.
전완 회내근 스트레칭	• 문틀 안을 향해 등을 대고 선다 • 팔을 똑바로 펴서 왼팔을 엉덩이와 어깨의 중간점 위로 과신전시킨다. • 엄지손가락을 아래로 향하게 하여 왼손으로 문틀을 잡는다. • 팔을 외회전시킨다	스트레칭을 최대화하기 위해서는 팔꿈치를 똑바로 펴야한다. 상완이두근을 위로 돌린 후에 등을 안으로 과신전된 팔을 향하여 회전함으로써 스트레칭을 증가시킬 수 있다.
팔목 신전근 스트레칭	• 바닥에 무릎을 댄다 • 손목을 굽혀 각 손등을 어깨 넓이로 바닥에 놓는다 • 손가락을 무릎쪽으로 향하게 한다. • 팔꿈치를 펴서 손등을 바닥에 닿게 한 상태에서 뒤로 기울인다(엉덩이를 발꿈치 쪽으로 향한다)	손과 무릎이 더 가까울수록 손등을 바닥에 닿게 해서 유지하는 것이 더 쉽다. 그러나 손이 무릎 앞에서 더 멀어질수록 스트레칭은 더 커진다.
손가락 굴곡근 스트레칭	• 똑바로 앉거나 선다. • 팔꿈치를 90도 각도로 구부리고, 손목을 가능한 한 멀리 신전시킨다. • 손가락을 위로 향하도록 한다. • 오른손으로 왼손의 손가락을 팔꿈치 쪽으로 민다.	팔꿈치를 편안한 각도로 취한다. 팔꿈치를 완전히 구부리는 것이 손을 더 쉽게 밀수 있게 해준다. 팔꿈치가 완전히 구부러지면, 가로지르는 것보다는 더 아래쪽으로 향하여 손가락을 민다.

(4) 상체 하부

상체 하부의 움직임에 관련된 많은 근육들은 골반뼈와 척추 혹은 흉곽 사이를 지나간다. 복근과 요방형근은 흉곽을 골반을 향해 잡아당김으로써 상체를 굴곡시킨다. 반면에 상체 굴곡근인 장골근과 대요근은 대퇴골을 골반(장골근)을 향해 당기거나, 혹은 척추를 대퇴골(대요근)을 향해 당김으로서 작용한다. 상체의 중요 신전근(요장늑근, 흉최장근, 흉극근)은 총괄하여 '척추기립근'이라 불린다. 요장늑근은 골반 후면과 척추 후면 사이를 지난다. 흉최장근과 흉극근은 척추 후면을 지나가고 척추에 있는 각각의 척추가 하나의 단위로 작용하도록 도와준다.

만약 복근, 대퇴근육, 엉덩이 근육이 약하다면, 등 하부의 과신전(뒤로 꺾는 것)과 과굴곡은 잠재적으로 위험성이 있다. 더욱이 뒤로 구르는 동작은 경추에 잠재적으로 위험하다.

☐ **스트레칭 방법**

스트레칭	테크닉	설 명
앞으로 엎드리는 자세	• 바닥을 보면서 엎드린다. • 두 손바닥을 바닥에 닿게 하고, 손가락은 엉덩이 선을 따라 앞으로 향한다. • 서서히 등을 뒤로 들어 올리면서 엉덩이 근육을 수축시킨다. • 등을 들어 올리는 것을 계속하고, 머리와 가슴은 바닥에서 떨어지게 들어올린다.	약한 복근을 갖고 있으면, 등을 뒤로 꺾는 것은 잠재적으로 위험하다는 것을 명심해야 한다. 등 하부를 뒤로 꺾는 것으로 인한 부상은 척추 디스크를 과도하게 눌러 척추 관절을 자극하고 요추에서 나오는 척추 신경을 조이는 것을 포함한다. 엉덩이를 수축시키는 것은 등 하부에 걸리는 스트레스를 감소시킨다.
의자에 앉은 자세	• 다리를 벌리고 의자에 똑바로 앉는다. • 서서히 등을 구부려 앞으로 기울이기 시작한다. • 허리까지 구부리는 것을 계속하고 머리와 복부를 대퇴부와 다리 사이로 내린다.	과굴곡은 척수를 손상시킬 수 있음을 명심해야 한다. 이 운동을 할 때에는 서서히 하고, 등이 일직선이 되면 안되며 엉덩이가 의자에서 떨어져서 올라가면 스트레칭의 효과가 감소된다.

서서 허리 뒤로 꺾은 자세	• 발을 어깨넓이로 벌린다. • 서서히 등을 뒤로 숙이고 엉덩이를 수축시켜 엉덩이를 앞으로 민다. • 등을 뒤로 숙이는 것을 계속하면서 머리를 뒤로 떨어뜨리고, 손이 엉덩이를 지나 다리까지 미끄러지게 한다.	등이 굽었거나, 약한 복근을 가진 사람은 악화시킬 위험이 있다. 이 스트레칭은 최소한도로 등을 꺾고, 꺾는 동안 엉덩이를 확실하게 수축시켜야 한다. 엉덩이를 수축시키는 것은 등 아래에 걸리는 스트레스를 감소시킨다.

(5) 엉덩이

고관절은 신체의 대부분의 다른 관절들보다 더 넓은 근육 운동범위를 허용한다. 고관절을 움직이는 근육에는 대내전근, 대둔근과 같은 커다란 근육뿐만 아니라 상쌍자근, 하쌍자근처럼 작은 근육들도 있다. 전면 근육들(대요근, 장골근, 대퇴직근, 봉곤근)은 엉덩이를 굴곡시키고, 걷는 동안 다리를 앞으로 하는 동작을 하게 한다. 후면 근육들(대둔근, 대퇴이두근, 반막양근, 반건양근)은 뒤로 걷는 동작을 하게 한다. 큰 근육근은 상체아래서 다리가 중심을 잡게 해준다. 작은 근육근은 다리를 옆으로 벌리게 하는 작용을 한다. 엉덩이 부위는 신체의 중앙에 위치하므로, 이 부위에서의 문제는 많은 다른 부위에 퍼져나가서 영향을 주기 쉽다. 또한 스트레칭하기 가장 어려운 근육이기 때문에 꾸준히 하여야 한다.

▢ 스트레칭 방법

스트레칭	테크닉	설 명
앉아서 고관절 스트레칭	• 왼쪽 다리를 앞으로 똑바로 펴고 마루 바닥에 앉는다. • 오른쪽 무릎을 구부려 오른발을 왼쪽 대퇴부 내측에 대고, 가능한 한 골반 부위에 가깝게 놓는다. • 두 손을 대퇴부 옆에 놓는다. • 약간의 스트레칭 감각을 느낄 때까지 상체를 왼쪽으로 뻗은 무릎에 가능한 한 가깝게 구부린다. • 구부리면서 두 팔을 왼발을 향하여 뻗는다.	고관절부터 앞 방향으로 상체를 구부린다. 상체를 똑바르게 유지해야 한다. 즉, 등이 곡선을 만들게 하면 안 된다. 종아리 근육을 포함하기 위하여 이 스트레칭을 수정할 수 있다. 이 첨가된 근육을 포함하기 위하여 왼팔을 뻗어서 왼발을 잡고, 아래 그림에서처럼 발가락을 서서히 무릎 쪽으로 끌어당긴다.

누워서 무릎 당기기	• 편한 바닥에 등을 대고 눕는다. • 왼쪽 무릎을 구부리고 가슴쪽으로 가져온다. • 오른쪽 다리를 바닥에 대고 있으면서 양손으로 왼쪽 무릎을 잡고 아래에서 가슴쪽으로 최대한 잡아당긴다.	무릎을 가슴대신에 겨드랑이까지 당기면 근육 스트레칭이 증가한다. 이 운동을 두 다리로 동시에 할 수 있다. 그러나 한 다리로 각각 행해질 때만큼 효과적이지는 않다.
서서 무릎 굽혀서 고관절 스트레칭	• 다리를 어깨 넓이보다 넓게 벌리고 왼발을 바깥쪽으로 해서 똑바로 선다. • 엉덩이를 반쯤 웅크린 자세로 내리고, 왼쪽 무릎을 편 상태를 유지하기 위해서 오른쪽 무릎을 굽히고 왼발을 외측으로 미끄러지게 한다. • 미끄러지는 동안, 지지하기 위해 두 손을 오른쪽 무릎에 위해 놓고 균형을 잡는다.	상체를 가능한 한 똑바로 유지한다. 왼발을 발 안쪽으로 놓는 것이 더 편하다. 스트레칭을 증가시키기 위하여 상체를 오른쪽으로 숙이고 두 손으로 동시에 오른쪽 대퇴부를 아래로 누른다.

(6) 무릎과 대퇴

무릎을 움직이는 대퇴부 근육은 두 그룹으로 구분된다. 대퇴부 전면에 위치한 네 개의 큰 근육들(대퇴직근, 중간광근, 외측광근, 내측광근)은 대퇴사두근이라고 하며 주요한 무릎 신전근이다. 대퇴부 근육들은 장딴지나 발의 근육들보다 더 크기 때문에 근육 부하에 잘 견딜 수 있다. 그래서 이 근육군에서는 근육통이 덜 발생한다. 하지만 서로 반대쪽에 있는 대퇴부 근육군 사이에 근력과 유연성의 알맞은 균형을 유지하는 것이 중요하다.

▢ 스트레칭 방법

스트레칭	테크닉	설 명
서서 몸통 굽히기	• 왼발 발끝 앞쪽(30-60cm)위치에 오른발 뒤발꿈치를 두고 똑바로 선다. • 오른쪽 무릎을 똑바로 세우고 왼쪽 무릎을 약간 굽힌 다음, 몸통을 오른쪽 무릎을 향해 구부린다. • 손이 오른쪽 발에 닿게 한다.	고관절부터 앞 방향으로 상체를 구부린다. 상체를 똑바르게 유지해야 한다. 즉, 등이 곡선을 만들게 하면 안 된다. 종아리 근육을 포함하기 위하여 이 스트레칭을 수정할 수 있다. 이 첨가된 근육을 포함하기 위하여 왼팔을 뻗어서 왼발을 잡고, 아래 그림에서처럼 발가락을 서서히 무릎 쪽으로 끌어당긴다.
앉아서 허리 구부리기	• 바닥에 두 다리를 펴고 발목 안쪽면을 가능한 한 서로 가깝게 하고 앉는다. • 두 발은 중립상태에서 편안한 상태를 유지한다. • 두손은 대퇴부 옆 바닥에 둔다. • 허리를 구부려 머리의 아래쪽이 다리를 향해 점점 더 낮아지게 한다. 이때 가능하면 무릎 아래쪽이 바닥에 닿아 있도록 유지한다. • 앞을 향해 구부리는 동안, 두 손은 발쪽으로 두 다리의 옆면을 따라 미끄러지게 한다.	스트레칭을 극대화하기 위해서는 무릎을 구부리거나, 골반을 앞으로 경사지게 하거나, 등을 구부려서는 안 된다. 또한 몸통을 하나로 생각하여 앞으로 구부리고 두 다리 사이의 중앙에 위치하게 해야 한다.
한쪽다리 들고 서서 뒤로 당기기	• 왼쪽 다리에 체중의 균형을 잡고 똑바로 선다. 왼발이 똑바로 앞을 향하게 하고 무릎을 거의 곧게 편다. 균형을 유지하기 위하여 왼손을 벽에 받친다. • 오른쪽 무릎을 구부리고 오른쪽 발이나 발목을 단단히 붙잡고 오른발을 뒤로 당겨 엉덩이로부터 10~15cm 이내가 되도록 가볍게 들어올린다. • 동시에 고관절을 앞쪽으로 민다.	주의할 점은 무릎을 과도하게 굴곡하여 무릎 조직에 긴장이 오지 않도록 특별히 주의해야 한다. 발목을 위쪽 방향보다 뒤쪽 방향으로 천천히 당기고, 고관절을 앞쪽으로 확실하게 이동하도록 해야 한다.최대한 스트레칭 되기 위해서는 뒤로 구부렸을때 외측의 근육들로부터 상체를 멀리 회전시켜야 한다.

(7) 발과 장딴지

발목과 발가락을 움직이는 근육들은 주로 하퇴에 위치해 있다. 그리고 그 근육들은 그 근육들과 길이가 같거나 혹은 더 긴 힘줄을 갖고 있다. 주된 힘줄은 아킬레스건이다. 세 개의 근육들(비복근, 족저근. 가자미근)이 힘줄을 공유하는데, 이 세 근육을 통틀어서 하퇴삼두근이라고 한다. 일상생활에서 발과 하퇴의 근육은 우리 몸의 어떤 다른 근육보다 더욱 광범위하게 사용된다.

□ 스트레칭 방법

스트레칭	테크닉	설 명
앉아서 발가락 스트레칭	• 의자에 앉아 왼발을 바닥에 대고, 오른쪽 발목을 올려 왼쪽 무릎 위에 놓는다. • 오른손으로 오른쪽 발목을 잡고 있는 동안 왼손 손가락을 오른발 발가락의 배부에 위치시킨다. • 발가락 끝을 발바닥 쪽으로 끌어당긴다.	발목과 발을 안정되게 유지하기 위해 발목을 꽉 잡는다. 발의 배측 부위에서 스트레칭을 느낀다. 발가락 끝을 잡고 당길 때 너무 통증이 크면 발의 볼을 누른다.
서서 발가락 스트레칭	• 똑바로 서서 균형을 위해 벽이나 물체를 잡는다. • 오른발을 몸통 뒤로 향하게 하고 발가락의 배측 부분이 바닥에 닿게 한다. • 발가락의 배축 부분을 바닥에 누르고 있는 동안 우측 다리에 체중을 가하고 바닥쪽으로 발꿈치의 바닥을 압박한다.	카펫이나 부드러운 바닥 위에서 이 스트레칭을 실시하면 더 편하다. 바닥에 압박하기 위해 발을 끌어서는 안된다. 발꿈치를 내측 또는 외측으로 움직이면 발 내부의 내측 또는 외측 부분을 더 스트레칭할 수 있다.
양쪽다리 서서 종아리 스트레칭	• 계단의 모서리에 바로 서고 양쪽 발꿈치를 모서리 바깥쪽으로 지지 없이 유지한다. • 양쪽 무릎을 똑바로 유지하고, 적어도 한 손으로 지지대를 잡는다. • 가능한 한 아래로 양쪽 발꿈치를 내린다.	신발을 신은 상태에서 실시하면 편하다. 한 번에 한 다리씩 실시하면 스트레칭 정도가 증가한다. 발꿈치가 가장 낮은 부위에 도달했을 때 무릎을 약간 굽히면 스트레칭이 더 증가한다.

3) 유형별 스트레칭

야외 활동이 많은 장병들은 각종 체육활동, 행군, 전술 훈련시 예기치 않은 상해를 사전에 예방하고 부여된 임무를 효과적으로 수행하기 위해서 스트레칭을 강화하여야 한다. 스트레칭은 유연성과 관절의 부드러운 정도를 증진시키는 체조로서 관절의 가동범위가 넓어지고 근육의 긴장과 관절의 경직성을 감소시켜 주며 몸의 충격을 흡수하여 관절을 보호하고 운동 수행능력을 향상시킨다.

(1) 스트레칭 실시 유형 (I)

순서	스트레칭	설 명	횟수(시간)
1	상체 굽혀펴기	다리를 지면에 밀착시키고 상체를 앞으로 굽혀 이마가 무릎에 닿게 한 후 다시 상체를 일으켜서 반복 실시한다.	12~20초
2	무릎 잡아당기기	누운 상태에서 좌, 우 무릎을 손깍지를 껴서 복부 쪽으로 잡아 당긴다.	좌, 우40회
3	앞으로 밀기	엎드려 뻗친 상태에서 상체를 앞으로 내밀며 고개를 전방으로 최대한 젖힌다.	10회(2회 반복)
4	다리벌리기	앉은 자세에서 양손으로 양 발목을 잡고 최대로 벌린 다음 상체를 앞으로 굽히는 동작을 반복한다.	12~20초
5	앞뒤로 다리벌리기	양다리를 앞뒤로 벌려 앉으면서 양손을 높이 들어 앞뒤로 상체를 굽힌다.	12~20초
6	엎드려서 다리잡기	엎드린 자세에서 시선은 전방을 보고 양발목을 잡는다.	12초, 2회
7	손짚고 상체 젖히기	엎드린 상태에서 손짚고 상체를 뒤로 최대한 젖힌다.	12초, 2회
8	뒤로 팔짚기	누워서 손바닥을 지면에 대고 팔을 뻗어 상체를 들어 올린다.	12초, 2회

9	앞으로 굽히기	한쪽다리만 뻗은 상태에서 상체를 앞으로 굽혀 이마가 무릎에 닿도록 한다.(왼발, 오른발 교대)	좌,우12초
10	옆으로누워 다리당기기	옆으로 누워 한쪽 다리씩 잡아 당긴다.(왼발, 오른발 교대)	좌,우12초
11	어깨와 골반 비틀기	앉은 자세에서 양발을 곧게 뻗고 왼쪽다리를 구부린 다음 오른쪽 팔꿈치를 무릎에 대고 어깨와 골반을 비튼다. 이때 굽혀진 다리의 발은 뻗은 다리의 오른쪽에 오도록 한다.	좌,우12초
12	손으로 무릎, 발끝잡기	양다리를 곧게 뻗고 앉은 자세에서 한쪽은 무릎을 잡고 누르면서 다른 한손은 발끝을 잡아 당긴다. 또한 무릎을 곧게 펴고 양손으로 발끝을 잡아 당긴다.	좌,우12초
13	무릎굽히고 등굴리기	무릎을 가슴에 댄 다음 다리를 감싸고 깍지를 낀다. 둥글게 만든 등부분이 지면에 닿도록 반동을 주어 등굴리기를 한다.	8회
14	상체옆으로 굽히기	서서 어깨넓이로 벌린 상태로 깍지낀 손과 양팔을 최대한 위로 뻗은 다음, 상체를 최대한 좌, 우로 제친다.	좌,우12초. 2회
15	허리 휘돌리기	몸에 힘을 빼고 상체를 앞으로 구부린 상태에서 동작을 크게 하여 허리를 휘돌린다.	4회

(2) 스트레칭 실시 유형 (Ⅱ)

순서	스트레칭	설 명	횟수(시간)
1	손깍지끼고 앞으로 뻗기	손가락을 깍지끼고 손바닥이 앞쪽을 향하도록 팔을 뻗는다.	12~20초
2	손깍지끼고 위로 뻗기	머리위로 양손가락을 끼고 손바닥은 하늘을 향하도록 하여 위쪽으로 밀어 올리며 뻗는다.	12~20초
3	앞으로굽힌후 몸통휘돌리기	발은 어깨넓이로 벌리고 손을 교차해서 팔목을 잡은 후 팔을 편다. 허리를 중심으로 좌우로 휘돌린다.	각 2회씩 반복

4	몸앞으로 굽히기	어깨너비로 발을 벌리고 허리로부터 천천히 몸을 앞으로 굽힌다. 목과 팔은 릴렉스하고 대퇴의 안쪽이 당길때 까지 굽힌다.	12~20초
5	다리굽혀 당기기	우측 발끝을 왼손으로 잡고 천천히 발꿈치를 엉덩이로 잡아당긴다. 다시 반대쪽으로 실시하고 반복한다.(좌, 우 교체 실시)	좌,우12초
6	다리뻗기	한쪽무릎은 바닥에 편하게 놓는다. 허리의 전면근육 대퇴근육이 당길때 까지 실시한다.	좌,우12초
7	발바닥모아 당기기	허리로부터 대퇴부에 당김을 느낄때 까지 머리와 어깨는 움직이지 않고 몸을 천천히 앞쪽으로 굽힌다.	12~20초
8	앉아서 한발씩 앞으로 굽히기	오른발(왼발)을 똑바로 하고 오른쪽 대퇴의 내측으로 왼발(오른발)을 붙인다. 천천히 허리에서 발쪽으로 가볍게 당김을 느낄때 까지 굽힌다.	좌,우12초
9	뒤로 손짚고 몸통빼기	양손과 발을 어깨너비로 벌려 손을 뒤로 뻗어 짚고 앉는다. 엉덩이를 서서히 하퇴 쪽으로 향하게 하여 스트레칭을 한다.	12~20초
10	몸일으켜 팔다리닿기	양다리와 양팔을 지면으로부터 들어올리며 서로 닿는다. 몸은 V자 모양을 취한다.	12~20초
11	엎드려 어깨뻗기	무릎을 꿇고 팔을 뻗어 엎드린다. 엉덩이를 빼면서 동시에 팔을 뻗는다. (손바닥 고정)	12~20초
12	발목잡고 상체 젖히기	엎드려 양손으로 발목을 잡는다. 양손은 발목을 당기며 몸을 충분히 젖힌다.	12~20초
13	등대고 업기	2명이 팔을 높이 들어올려 등을 맞대고 선다. 상대의 팔목을 움켜잡고 어깨로 메어 들어올린 후 앞으로 가볍게 굽힌다. 등에 업힌 사람은 긴장을 충분히 푼다.	20초
14	서로 등뒤로 끌어 당기기	2명이 등을 뒤로 한 채 한발 앞으로 딛고 팔을 뒤로 뻗어 잡는다. 반동을 이용하여 서로 끌어 당긴다.	20초
15	어깨 눌러주기	2명이 마주보고 다리를 벌려 몸통을 앞으로 굽혀 손을 상대방 어깨에 얹는다. 반동을 이용하여 위 아래로 폈다가 내린다.	20초

(3) 스트레칭 실시 유형 (Ⅲ)

순서	스트레칭	설명	횟수(시간)
1	팔 휘돌리기	양팔꿈치를 굽혀 바로서서 앞가슴 부분에서 양팔을 교차시키면서 크게 원을 돌리고 머리 위에서 교차시킨다. 팔을 옆으로 내리면서 팔꿈치를 굽혀 가슴에 붙인다.	12초
2	다리들어 흔들기	엎드린 자세를 취하고 양손을 대퇴부 아래에 넣고 머리와 가슴을 마루에서 떨어지도록 하며 활모양으로 등을 뻗고 양발은 10~15cm정도 들면서 수영 할 때처럼 발차기를 한다.	12초
3	엎드려 등 굽혀펴기	양손, 양무릎을 바닥에 대고 엎드린 자세를 취한다. 숨을 들이마시면서 배를 굽히고 등을 올린다. 한계에 이르렀을 때 숨을 멈추고 몸을 가볍게 원위치로 되돌아 온다.	12~20초
4	앉아 다리굽혀펴기	두다리를 뻗고 손은 엉덩이가 닿은 마루에 대고 앉은 자세에서 두발을 교대로 가슴까지 구부렸다 폈다 한다.	12초
5	손짚고 팔굽혀 펴기	엎드린 뻗힌 자세에서 양손을 마루에 지탱하고 팔을 천천히 굽혔다 폈다 반복한다.	개인능력에 맞게 5세트
6	옆으로 누워다리들기	옆으로 누워 머리는 손으로 받치고 다리를 마루로부터 30cm 높이로 올렸다 내렸다 한다.(좌우 교대)	좌,우12초
7	어깨 바닥에 대고 다리뒤로 젖히기	바로 누운 자세에서 뒤꿈치를 붙여 허리를 굽히지 않고 천천히 엉덩이를 뜨게 하여 발끝이 마루에 닿을 때까지 양발을 내린다.	12~20초
8	다리벌려 앉아 가슴닿기	양다리를 벌려 앉는다. 숨을 내쉬면서 상체를 굽히고 양손을 발목쪽으로 뻗어 나가면서 마루에 가슴이 닿도록 한다.	좌,우12초
9	벽짚고 발목 굽혀펴기	벽앞에 서서 양손을 벽에 붙여 몸 전체를 의지한다. 장딴지와 발목에 긴장감이 오도록 몸의 무게를 실어 발끝으로 들었다 내렸다 한다.	12~20초

3 태권도

1) 태권도의 이해

(1) 태권도의 정의

① 태권도는

태권도는 남·여·노·소 어떤 사람이나 제한없이 아무런 무기를 지니지 않고, 언제, 어디서나 손과 발을 사용해 방어와 공격의 기술을 연마하여 심신의 단련을 통해 인간다운 길을 걷도록 하는 무도이자 스포츠이다.

② 신체운동으로서

어린이의 성장발육, 청장년과 노인의 체력증진, 여성의 건강과 미용증진에 큰 효과를 준다. 태권도의 기술체계와 운동형태는 신체의 각 분절을 좌우 균형있게 구사하도록 짜여져 있어, 인체관절의 유연성이 고르게 발달하도록 한다. 그리고 문명발달에 따라 가중되는 정신적 장해, 스트레스 해소에도 큰 도움을 준다.

③ 맨몸투기로서

맨손과 맨발로 상대방을 타격하는 기술체계를 갖는다. 특히 다른 무술과 뚜렷이 차이를 갖는 것은 위력적이고 다양한 발 기술이다. 발 기술이야말로 태권도가 세계 최강의 투기고 존재하는 이유이다. 태권도는 어떤 무기의 사용도 없이 인체를 사용하지만 일편필승의 가공할 공격력을 갖고 있다. 그러나 태권도는 방어를 우선하는 기술습득원리를 강조한다. 이는 평화와 공정성을 존중하는 태권도의 정신적 기반에서 비롯한다. 이를 통해 태권도는 배우는 이가 수련의 목적을 결코 남을 공격해서 제압하려는 것이 아니라 자기 극복의 고결한 태도에 두도록 만든다.

④ 스포츠로서

팬암게임, 아시안게임, 올아프리칸게임, 남아메리카게임 등의 대륙별 종합경기대회는 물론 올림픽 경기장의 관중들이 환호하는 새로운 가치를 지니게 되었다.

아시안게임이나 올림픽의 개회식에서 처럼 1,000명이 넘는 많은 수련자가 아름답고, 정확하고, 강력한 힘이 표출되는 태권도 매스게임을 보이는 장면은 어떤 스포츠종목에서도 발견하기 어려울 것이다 . 더욱이 맨몸투기로서 인명에 미칠 피해를 없애고 합리적이고 공정한 경쟁을 하도록 과학적인 경기규칙과 보호용구를 개발한 건은 태권도가 각광받는 국제스포츠로 발전한 원동력이다. 이제 태권도는 고도산업문명사회의 길을 가고 있는 인류에게 적합한 현대스포츠로서 유희성, 안전성, 규칙성, 경제성을 골고루 갖추게 된 것이다.

⑤ 교육적 수단으로서

태권도가 표방하는 수련의 목적은 수련자를 사람다운 사람, 즉 인간의 신체적 조건과 아울러 정신적 기틀을 보다 개선하겠다는 지향점을 갖는 다는 것으로 설명된다. 태권도의 교육적 역할은, 자아완성에의 의지를 실천하도록 안내한다는 점으로 귀결된다. 이를 위해서 태권도 수련자는 평화지향적인 기술체득원리를 이해하며 빈번하고 반복적인 예절 교육을 통해 자칫 빠지기 쉬운 자기중심적 삶을 뛰어넘어 인간생활에의 광범위한 적응력을 높이는 것이다. 이런 인간생활에서의 덕목들이 교육으로서 태권도가 추구하는 바이며 바로 이점이 태권도의 무도적 가치관이다.

(2) 태권도 수련 영역

① 기본동작

태권도 기본동작은 태권도 기술의 밑바탕이 되는 구성요소이다. 태권도의 기본동작은 '신체의 사용부위'와 '태권도의 기본'그리고 '기본동작'등 세 가지 하위요소로 구성된다. 신체의 사용부위는 다시 공격 목표부위와 공격 및 방어 사용부위로 나뉜다. 공격 목표부위는 사람을 큰 목표로 세 곳 얼굴(인중), 몸통(명치), 아래(단전)로 구분되고 사용부위는 주먹, 손, 팔목, 팔굽, 발, 정강이, 무릎 등 일곱 가지로 구분된다. 태권도의 기본은 서기, 방어, 공격, 특수품 네 가지로 분류되고 공격 방법으로는 지르기, 치기, 찌르기, 차기, 특수차기, 꺾기, 넘기기 등 총 10가지 기술을 채용한다.

태권도의 기본동작의 셋째 항목에로 기본동작이 포함되어 있다. 기본동작은 수많은 기본 기술 중에서 핵심이 되는 동작으로서 기본준비서기, 주춤서몸통지르기, 내려(아래)막기, 몸통반대지르기, 앞차기, 몸통바깥막기, 등주먹치기, 옆차기, 몸통막기, 손날막기, 돌려차기, 올려(얼굴)막기, 손날안(목)치기, 몸통바로지르기 등 14가지 낱기술로 엮어져 있다.

② 품새

품새란 태권도에서 공격과 방어의 기술을 규정된 형식에 맞추어 혼자 수련할 수 있도록 이어놓은 동작이다. 품새는 공격과 방어의 기본동작을 연결 수련함으로써 겨루기 기술향상과 동작 응용능력 배양 그리고 기본동작에서는 익힐 수 없는 특수기술의 연마(숙달)를 할 수 있는 장점을 지니고 있다.

품새는 매 공방의 동작마다 발의 위치가 정해진 서기와 그 이동 방향을 선(線)으로 표시한 품새선에 따라 수련한다.

품새는 그 개발 주체나 특징에 따라 여러 가지 유형으로 구분된다. 품새를 개발한 주체가 국기원 차원의 공인된 기관이냐 아니면 개인이냐에 따라 공인품새와 창작품새로 나누어진다. 이 외에도 힘의 강유(剛柔), 동작 속도의 완급, 손과 발 기술의 편성 비율 등 주안점에 따라 특징적인 품새 유형으로 구분될 수 있다. 공인품새로는 유급자 품새와 유단자 품새를 합쳐서 총 17개가 있다. 유급자 품새는 태극1장부터 태극8장까지 8개이다. 유단자 품새는 고려, 금강, 태백, 평원, 십진, 지태, 천권, 한수, 일여 등 1단에서 9단에 이르는 9가지 종류가 있다.

③ 겨루기

태권도 겨루기는 '실제 상대와 맞서 서로의 실력을 겨루는 수련체계'이다. 태권도에서 겨루기란 상대 없이 공방기술을 수련하는 품새나 나무, 돌 등 사물을 쳐서 부수는 격파나 단련과는 구분되는 개념이다. 태권도의 공방 기술을 사용하여 실제 상대와 맞붙어 주먹, 발 등 자기 몸의 강한 부분으로 상대의 턱이나 명치 등 급소를 타격하며 승부를 다투는 기술이 겨루기이다. 태권도 겨루기는 수련 목적에 따라 호신겨루기와 경기겨루기로 나누어질 수 있다. 또한 수련 방식에 따라 자유겨루기와 맞춰겨루기로 구분된다.

호신겨루기란 상대방 인원의 제한이 없는 격투상황을 설정하고 주로 시범과 호신 목적 행하는 겨루기이다. 경기 겨루기는 상대방과 일대 일로 맞서 보호대를 착용하고 겨루기 경기 규칙에 준해 수행되며 자유겨루기 방식을 채용한다. 맞춰겨루기는 상대방의 인원수와 관계없이 일정한 틀에 맞추어 연습하는 겨루기 방식이다. 상대방에 맞서 위험한 상황을 벗어나야 하는 실전 호신술 관점에서는 상대를 물리치기 위해 갖가지 태권도 기술을 활용할 뿐 아니라 눈이나 낭심을 가격하는 수단도 취할 수 있다. 그러나 통상의 겨루기란 경기나 심사 상황에서 일정한 경기 규칙을 준해서 공방 기술을 발휘하여 승패를 가늠하는 태권도 기술 체계이다.

태권도 겨루기는 주로 발기술과 딛기(스텝), 속임동작(훼인트모션)을 사용하여 공격을 펼치게 된다. 방어를 위해 팔로 취하는 막기 기술보다는 지키기(가드) 상태에서 빠른 발놀림과 몸동작을 이용한 피하기 기술이 중요시된다. 상대의 공격에 대해 빠른 신체 반사작용으로 순간적으로 반격하는 받아차기나 몸통주먹지르기(역습타)가 태권도의 특기 기술로 꼽힌다.

겨루기는 다양한 타기의 공격기술과 방어기술의 활동성을 익히고 실전 대응력을 높일 수 있다. 또한 전신을 고르게 발달시킬 뿐 아니라 유연성, 순발력, 민첩성, 지구력 등 전반적으로 강인한 체력향상과 함께 활동적인 에너지를 맘껏 분출시키는 기회를 가지게 된다. 아울러 정신적으로 강인하고 용기 있는 성품으로 변모시켜 어떤 일에도 적극적으로 대할 수 있는 자신감과 담력을 길러 주는 효과가 있다.

④ 격파

격파는 손이나 발로 단단한 물체를 쳐서 깨뜨리는 기술로서 태권도 수련을 통해 연마한 힘과 기술을 대상물을 통하여 시험하는 수련 과정이다. 기본동작에서 나오는 공격 수단 즉 손과 발 등을 활용하여 송판, 기와, 벽돌, 대리석 등 격파물을 깨트리는 태권도 기술 체계이다. 손과 발 등 신체부위를 꾸준히 단련하고 강화시킴으로써 순간적으로 물체를 가격하여 파괴할 수 있는 능력을 지향하는 기술이 격파이다.

주먹, 등주먹, 손날, 손끝, 팔굽 등을 사용하고 발도 마찬가지로 앞축, 뒤축, 발날 부위를 사용하며 그 격파 기술이 다양하다. 격파는 위력 격파와 고난도 기술 격파로 나뉘어 질수 있다. 격파는 상해 위험상 초급자는 제외되며 주로 유단(품)자 이상에 한해서 수련되고 있다.

태권도 기술용어집에서는(2010) 격파 기술을 가로돌아격파, 높이뛰어격파, 뛰어넘어격파, 멀이뛰어격파, 세로돌아격파, 여러표적격파, 위력격파, 창의격파, 한번뛰어격파 등 아홉 가지로 분류한다. 이 중 위력격파는 격파자의 힘을 측정하기 위한 격파기술로서 고정되어 있는 송판, 기와, 대리석 등을 지르거나 치기, 차기 기술 등을 활용하여 깨부수는 격파기술이다. 창의격파는 새로운 개념의 격파 기술로서 격파자가 태권도의 기술을 이용하여 새롭게 재구성한 격파 기술로서 지금까지 다른 수련자가 시도하지 않았거나 미처 성공하지 못했던 고난도의 기술 동작을 통하여 목표물을 격파하는 기술이다.

2) 태권도의 기본

(1) 사용부위

몸을 주먹, 손, 팔목, 팔굽, 발, 정강이, 무릎으로 구분하여 부위별 기술의 형태와 종류를 통해 사용 방법을 이해한다. 태권도 기술을 수행할 때 사용하는 신체 부분

❏ 가위손끝

- 쥐는 법 : 집게손가락과 가운데손가락을 펴서 벌리고 무명지와 새끼손가락을 말아 쥐고 엄지손가락도 굽혀 무명지 둘째 마디 위에 말아 붙인다.
- 사용부위 : 집게손가락과 가운데손가락의 손끝을 사용
- 사용 : 찌르기 기술에 사용한다.

❑ 곰손

○ 쥐는 법 : 편주먹 쥐는 법과 흡사하나 편주먹보다 엄지를 제외한 네 손가락을 더 오므린다.

○ 사용부위 : 손바닥과 셋째마디 부위

○ 사용 : 주로 치기 기술에 사용하며 따귀치듯 친다. 곰이 앞발바닥으로 훑는 형식으로 안으로 치기를 한다.

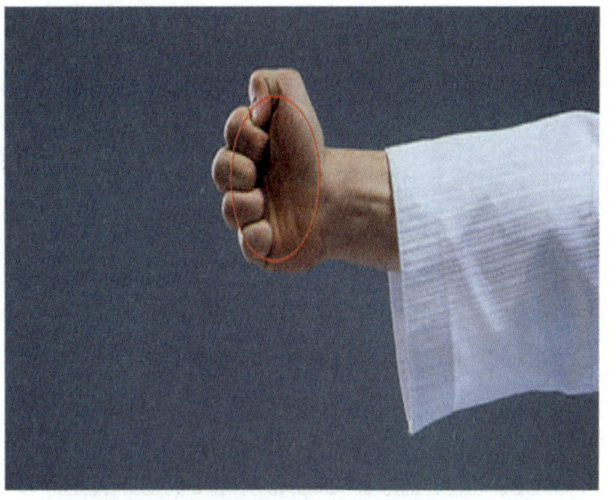

❑ 굽힌손목

○ 쥐는 법 : 모둠손끝 쥐듯하며 바탕손 쥐는법과 반대로 손목을 손바닥 쪽으로 바짝 굽힌다.

○ 사용부위 : 굽힌 손등쪽의 손목을 사용

○ 사용 : 주로 올려치기, 돌려치기, 돌려막기, 올려막기 등에 사용한다. 바탕손치기는 팔굽을 펴서 행하기 때문에 지르기와 같이 먼 곳에 사용하지만 굽힌손목은 팔굽을 다 펴지 않기 때문에 가까운 곳에 사용한다.

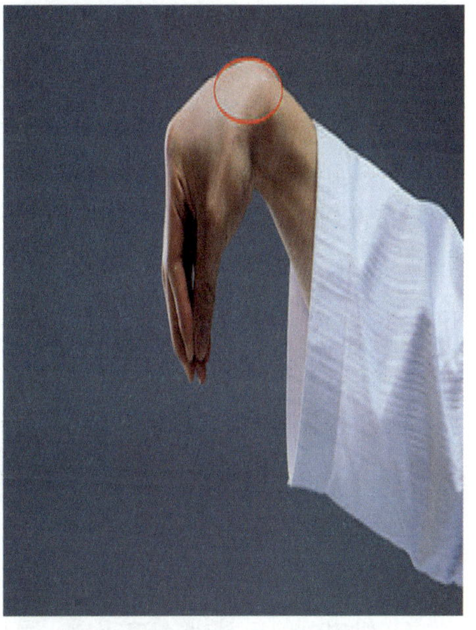

❑ 뒤꿈치

○ 사용부위 : 발의 뒤쪽 아래 부분이다.

○ 사용 : 내려차기, 몸돌려후려차기, 낚아차기, 뒤올려차기에 사용한다.

❑ 뒤축

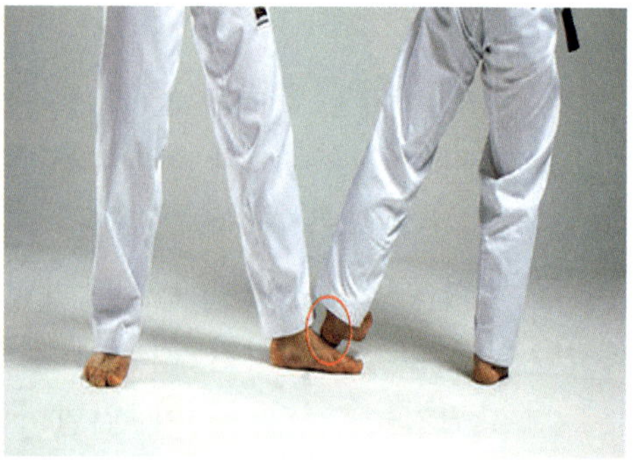

- 사용부위 : 발바닥의 뒷부분이다.
- 사용 : 돌 때 축이 될 수 있다. 짓찧기와 옆차기, 뻗어차기를 한다.

❑ 등주먹

- 사용부위 : 집게손가락과 가운데손가락의 첫마디 주먹등쪽 부분이다.
- 사용 : 등주먹은 앞치기, 바깥치기, 내려치기 등에 사용한다.

❑ 등팔목

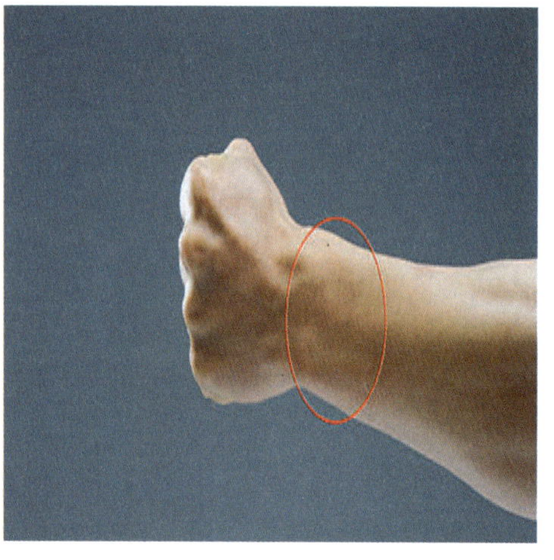

- 사용부위 : 주먹을 질렀을 때 위를 바라보는 쪽의 팔목 부분으로 손목마디부터 팔꿈치 쪽으로 네 손가락을 붙여 놓은 만큼의 면적을 말한다.
- 사용 : 팔목은 뼈가 굵고 길어서 막기에 편하다. 그러나 등팔목은 넓적하여 막기 기술에 사용하나 상대에게 타격을 가할 수는 없으며 잘못하면 골절되기 쉽다.

❑ 메주먹

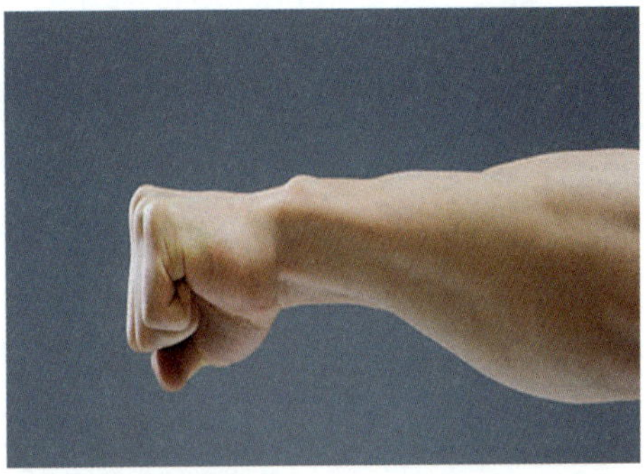

- 쥐는 법 : 주먹 쥐는 법과 같다.
- 사용부위 : 주먹을 말아 쥔 형태에서 손날부분
- 사용 : 메주먹은 앞치기 내려치기, 바깥치기, 안치기 등에 사용한다.

❑ 모둠손끝

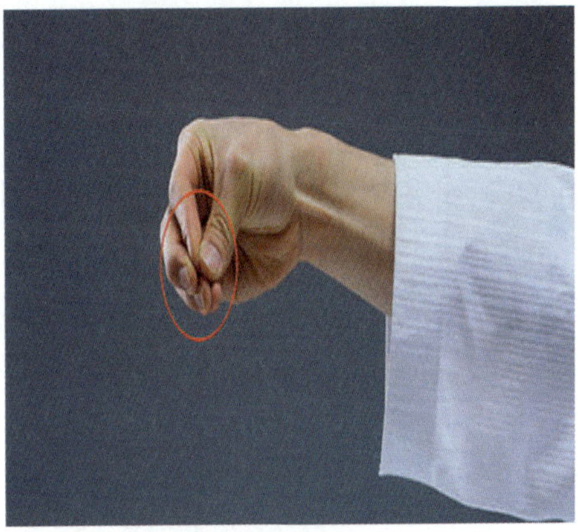

- 쥐는 법 : 다섯 손가락 끝을 모두 모아 뭉친다. 그러면 자연스럽게 엄지를 제외한 네 손가락의 첫마디가 굽혀진다.
- 사용부위 : 모은 다섯 손가락 끝
- 사용 : 모둠손끝으로 찍기를 한다. 이는 찌르기보다 가까운 거리에서 사용한다.

❑ 모은두손끝

- 쥐는 법 : 집게손가락 위에 가운데 손가락을 붙이고 나머지 엄지손가락, 무명지, 새끼손가락은 가위손끝 때와 똑같은 모양으로 쥔다.
- 사용부위 : 모든 두 손가락 끝
- 사용 : 한쪽 눈, 미간, 관자놀이, 명치, 천돌 부위 등을 공격 가능하다.

❏ 모은세손끝

- ○ 쥐는 법 : 집게손가락과 무명지를 붙이고, 그 위에 가운데손가락을 포개 꼭 붙인다. 나머지 엄지손가락과 새끼손가락은 자연스럽게 위치시킨다.
- ○ 사용부위 : 모은 세 손가락의 끝을 사용
- ○ 사용 : 모은두손끝과 같다.

❏ 무릎

- ○ 사용부위 : 무릎관절오서 다리가 굽혀지는 부분의 앞쪽 슬개골을 말함.
- ○ 사용 : 무릎은 공격 기술인 올려치기, 돌려치기 기술에 사용한다.

❏ 밑팔목

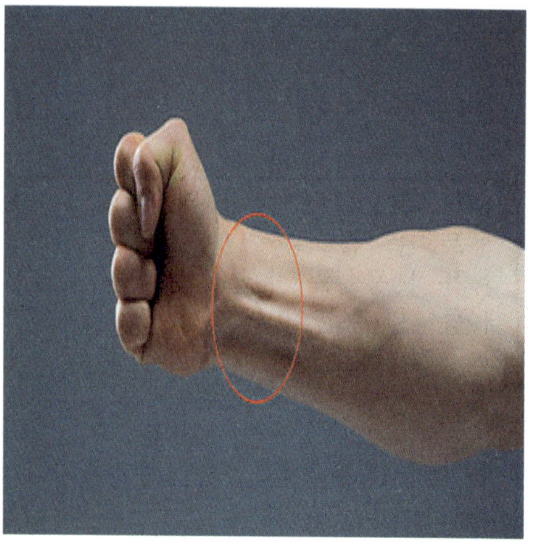

- ○ 사용부위 : 주먹을 질렀을 때 아래를 바라보는 쪽의 팔목 부분으로 손목 마디부터 팔꿈치 쪽으로 네 손가락을 붙여놓은 만큼의 면적을 말함.
- ○ 사용 : 팔목은 뼈가 굵고 길어서 막기에 편하다. 그러나 밑팔목은 넓적하여 막기 기술에 사용하나 상대에게 타격을 가할 수는 없으며 잘못하면 골절되기 쉽다.

❑ 바깥팔목

○ 사용부위 : 주먹을 질렀을 때 몸의 바깥쪽 팔목 부분으로 손목 마디부터 팔꿈치 쪽으로 네 손가락을 붙여 놓은 만큼의 면적을 말한다.

○ 사용 : 팔목은 뼈가 굵고 길어서 막기에 편하다. 그 중에서도 바깥팔목은 모가 지고 날카로워서 막으면서 상대에게 타격을 가하게 되는데 '막기 기술은 바로 공격이 되어야 한다.'는 좋은 교훈이 이에 해당한다.

❑ 바탕손

○ 쥐는 법 : 손의 힘을 빼고 손등을 뒤로 젖힌다. 손가락은 너무 힘을 주지 말고 자연스럽게 굽힌다.

○ 사용부위 : 손바닥 밑 부분(손목쪽)

○ 사용 : 치기와 막기 기술에 쓰인다. 바탕손은 손바닥의 넓적한 부분을 사용하므로 다른 공격 기술에 비해 목표 부위에 명중할 확률이 높고, 막기 기술로도 쓰일 수 있다.

❑ 발끝

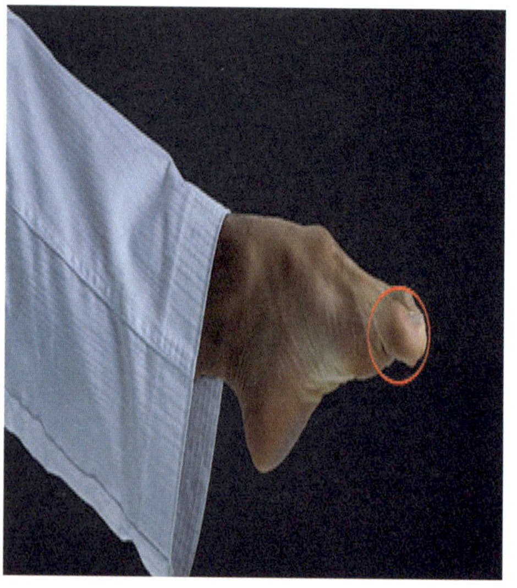

- ❍ 사용부위 : 똑바로 편 발가락의 끝 부분
- ❍ 사용 : 앞차기와 비틀어차기의 중간 형태로서 무릎을 튕기는 힘으로 뻗어 찬다. 주로 낭심을 차며 숙달되면 명치와 턱을 찰 수 있다. 세운손끝찌르기와 같이 발을 안으로 틀어 엄지발가락을 위로 하고 찬다. 앞차기, 돌려차기, 비틀어차기에 이용할 수 있으나 단련이 되지 않으면 염좌를 입을 수도 있으니 주의해야 한다.

❑ 발날

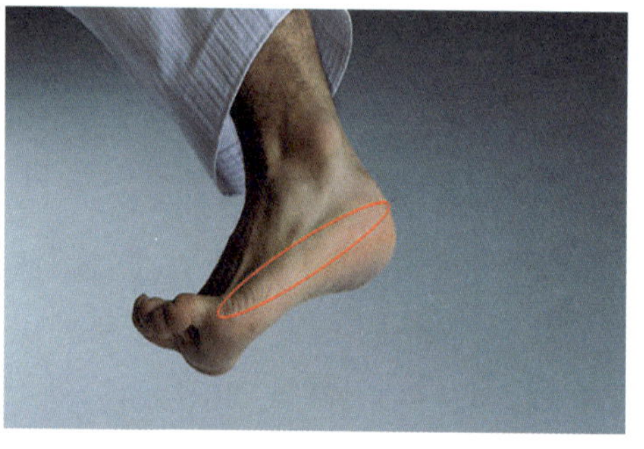

- ❍ 사용부위 : 발바닥과 발등의 모서리로 발바닥 바깥쪽 뒤축 부위부터 새끼발가락 까지를 말함.
- ❍ 사용 : 옆차기, 막기(차올리기), 받아차기, 짓찧기, 기술에 사용한다.

❑ 발날등

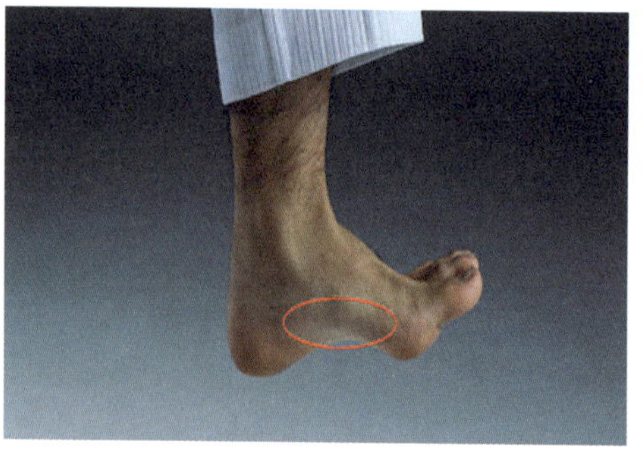

- ❍ 사용부위 : 발날의 반대쪽(발바닥 안쪽) 뒤축부터 앞축 전 까지를 말함.
- ❍ 사용 : 이 부위는 넓적하므로 막기, 차기, 쳐내기 기술에 사용한다. 주로 표적차기에 사용한다.

❑ 발등

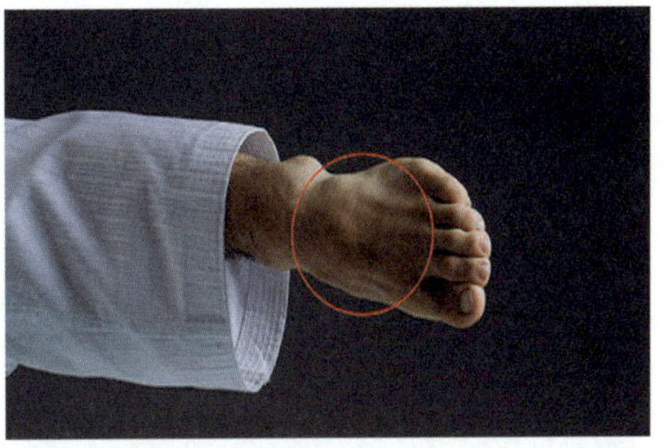

- 사용부위 : 발의 윗부분으로 발가락부터 발목까지이며 사용할 때는 발목을 펴야 한다.
- 사용 : 올려차기, 돌려차기, 후려차기, 바깥차기 등에 사용한다.

❑ 발바닥

- 사용부위 : 발의 뒤축부터 앞축을 지나 발가락까지를 말함.
- 사용 : 몸돌려후려차기, 내려차기, 걷어내기에 사용한다.

❑ 밤주먹

- 쥐는 법 : 주먹에 밤톨하나를 쥔 것과 같은 모양이다. 다섯손가락을 힘있게 말아쥐되 가운데손가락 첫 마디만 약간 펴서 둘째 마디를 돌출되게 하고 엄지손가락으로 셋째 마디를 밀어 가운데손가락이 말려들지 않게 한다.
- 사용부위 : 가운데 손가락 둘째 마디
- 사용 : 주먹과 같이 지르기 기술에 사용하며 주먹보다 타점이 좁아 더 큰 충격을 줄 수 있다.

❑ 손

○ 태권도에 있어 손이라 함은 주먹과 반대로 손가락을 두 마디 이상 오므리지 아니하고 주로 펴져 있을 때를 말한다. 손을 공격목표에 따라 사용부위가 달라진다.

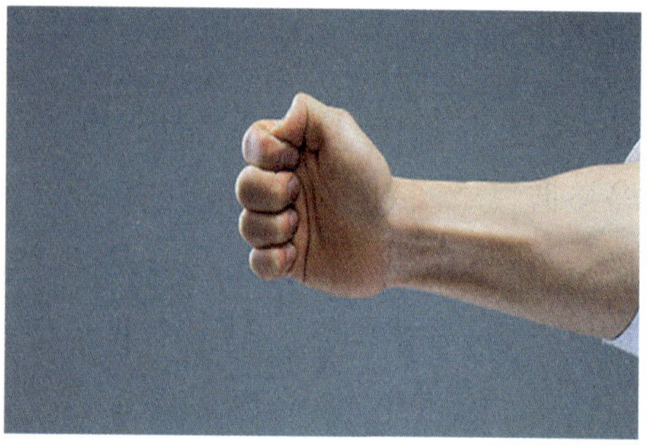

❑ 손날

○ 쥐는 법 : 네 손가락을 붙이고 끝마디를 약간 안으로 구부리고 손바닥을 편다. 엄지손가락도 끝마디를 약간 오므려 집게손가락 첫마디 부분 옆에 붙인다.

○ 사용부위 : 새끼손가락 쪽으로 손목부터 새끼손가락 첫마디까지

○ 사용 : 손날은 치기, 막기 기술에 사용

○ 주의사항 : 손날을 사용할 때는 주먹을 쥐었을 때와 같이 팔목과 손은 일직선으로 하며 손목에서 위, 아래, 안팎으로 꺾어서는 안 된다.

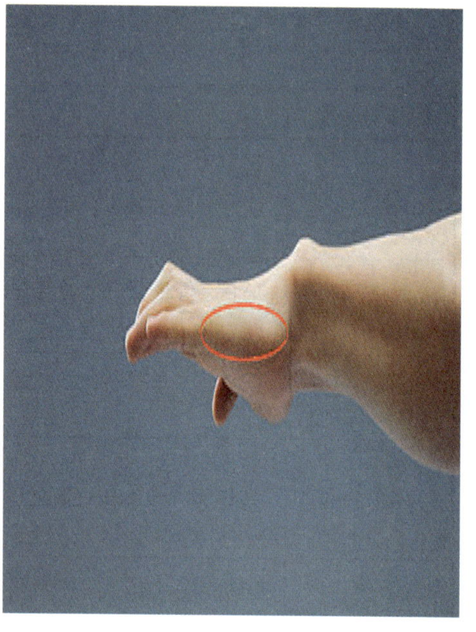

❑ 손날등

○ 쥐는 법 : 손날 쥐는 법과 같으나 엄지손가락을 첫마디부터 안으로 깊이 파묻어야 한다.

○ 사용부위 : 엄지손가락 첫마디부터 집게손가락 첫마디 옆 부분이다.

○ 사용 : 치기와 막기 기술에 사용한다.

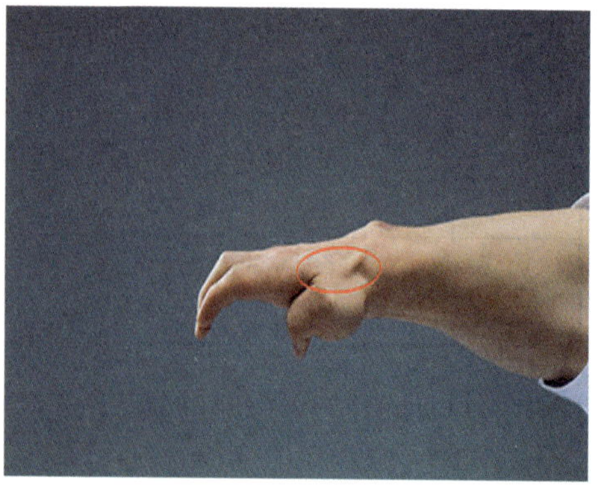

❑ 손등

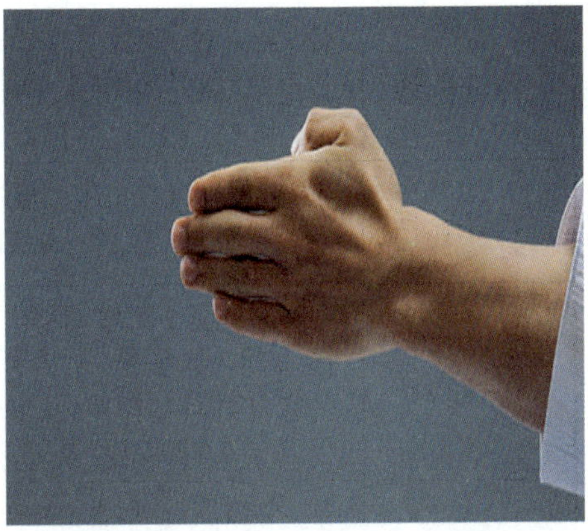

- ○ 쥐는 법 : 손날 쥐는 법과 다섯 손가락에 모두 힘을 주어 꼭 붙이지 않아도 된다.
- ○ 사용부위 : 손등 전부를 사용한다.
- ○ 사용 : 주로 치기 기술에 사용하며 짧은 거리에서의 순간적인 공격에 사용
- ○ 주의사항 : 공격을 하는 순간 손목에서 손등에 튕김을 준다.

❑ 손바닥

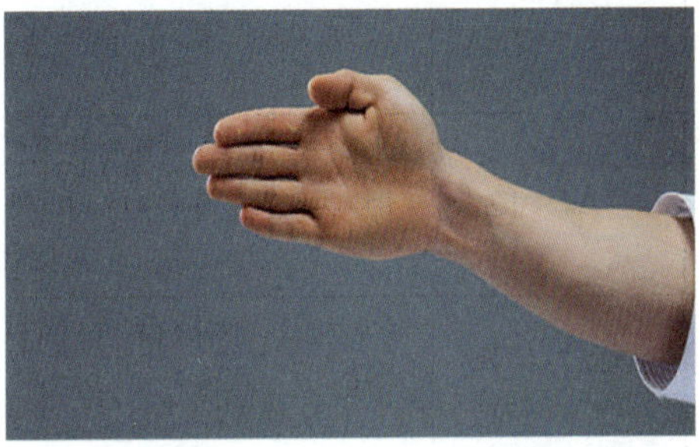

- ○ 쥐는 법 : 손바닥 쥐는 법은 바탕손과 같으나 다섯 손가락 모두 힘을 주어 꼭 붙이지 않아도 된다.
- ○ 사용부위 : 등주먹의 반대편 부위
- ○ 사용 : 치기와 막기 기술에 사용

❑ 아금손

- ○ 쥐는 법 : 엄지손가락과 집게손가락 사이를 벌리며 집게손가락, 가운데손가락, 무명지, 새끼손가락을 나란히 붙여 각 마디를 약간 구부려 동그랗게 한다. 이때 손목을 뒤로 젖히면 바탕손 모양이 되므로 팔목과 손등은 일직선으로 하여 한다.
- ○ 사용부위 : 엄지손가락과 집게손가락 사이 오목한 곳임.
- ○ 사용 : 주로 치기 기술에 사용한다. 아귀손 안에 들어오는 공격목표인 턱 또는 목을 주요 공격목표로 삼고, 위에서 내려치는 공격을 막을 때 사용할 수 있다.

❑ 안팔목

- 사용부위 : 주먹을 질렀을 때 몸의 안쪽 팔목 부분으로 손목 마디부터 팔꿈치 쪽으로 네 손가락을 붙여 놓은 만큼의 면적을 말한다.
- 사용 : 팔목은 뼈가 굵고 길어서 막기에 편하다. 그 중에서도 안팔목은 모가 지고 날카로워서 막으면서 상대에게 타격을 가하게 되는데 '막기 기술은 바로 공격이 되어야 한다.'는 좋은 교훈이 이에 해당한다.

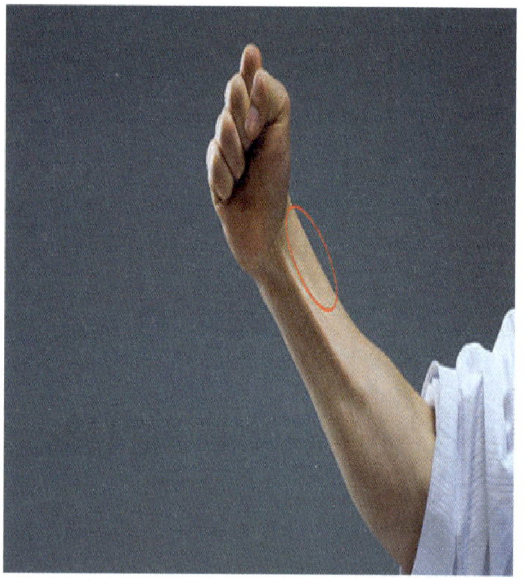

❑ 앞축

- 사용부위 : 발가락을 젖혀 올린 발바닥의 제일 앞쪽이다.
- 사용 : 몸이 돌 때 축이 되고, 몸이 이동할 때 제동 역할도 한다. 앞차기, 돌려차기, 비틀어차기, 반달차기 등에 사용된다.

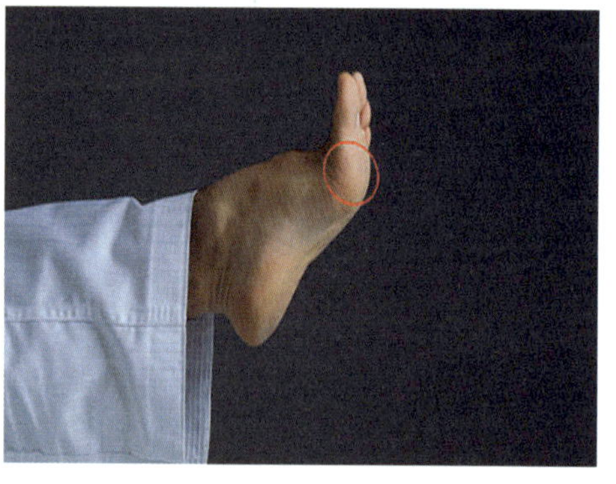

❑ 정강이

- 사용부위 : 다리 뼈(경골, 비골)가 있는 부위를 말함.
- 사용 : 길고 단단하여 차기와 막기 기술에 쓰이나 반면 공격을 당하기도 쉬운 부위이다. 정강이는 막기 기술에 사용될 때 상대의 차는 힘과 맞부딪혀 막기 때문에 자신도 많은 아픔을 느낄 수 있다. 주로 받아막기에 사용한다.

❑ 주먹

- ❍ 쥐는 법 : 손바닥을 편 상태에서 손끝을 말아 쥐어 첫 번째 손가락 마디까지 손톱이 보이지 않도록 감싼다. 그리고 엄지손가락으로 집게손가락과 가운데손가락을 감싼다.
- ❍ 사용부위 : 집게손가락과 가운데손가락의 첫마디 앞 부분
- ❍ 사용 : 주먹은 지르기 기술에 사용한다.

❑ 집게밤주먹

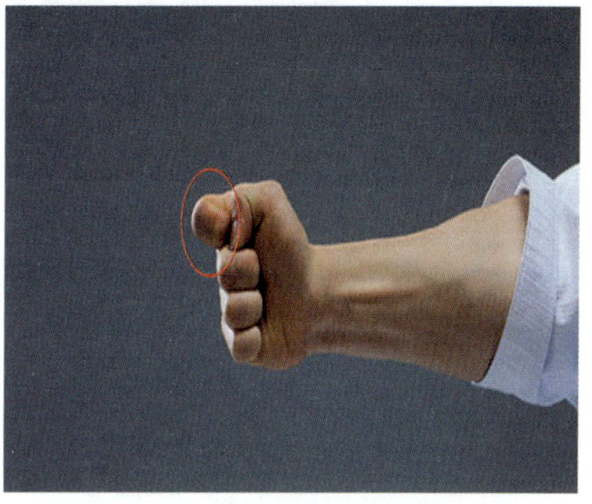

- ❍ 쥐는 법 : 다섯손가락을 힘있게 말아쥐되 집게손가락 첫마디만 약간 펴서 둘째 마디를 돌출되게 하고 엄지손가락으로 셋째 마디를 밀어 집게손가락이 밀려들지 않게 한다.
- ❍ 사용부위 : 집게손가락 둘째 마디
- ❍ 사용 : 주먹과 같이 지르기 기술에 사용하며 주먹보다 타점이 좁아 더 큰 충격을 줄 수 있다.

❑ 집게주먹

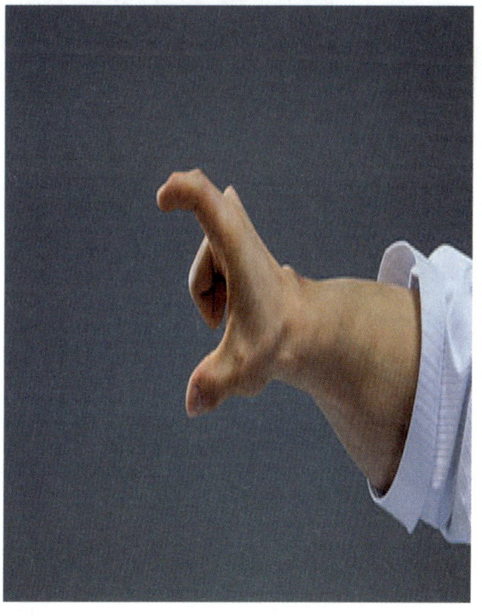

- ❍ 쥐는 법 : 엄지손가락과 집게손가락을 벌려 아금손과 같이하고 나머지 가운데손가락, 무명지, 새끼손가락을 붙여 말아 쥔다.
- ❍ 사용부위 : 말아 쥔 세 손가락의 둘째 마디는 지르는 데 사용하고, 아귀손의 엄지손가락과 집게손가락 끝을 오므려 만든 집게는 뜯을 때 사용한다.
- ❍ 사용 : 집게주먹은 지르기를 하지만 바로 엄지손가락과 집게손가락으로 잡아 뜯는다. 주로 목젖을 지르고 바로 집게로 목젖을 뜯을 때 사용한다.

❑ 팔

❍ 사용부위 : 팔꿈치 관절을 접거나 펴서 사용하는 어깨부터 손목 사이 부분이다.

❑ 팔굽

❍ 사용부위 : 팔꿈치 관절을 접어 사용

❍ 사용 : 팔굽은 팔꿈치관절을 구부려서 만들어지는 모가 지고 단단한 부분으로 주로 치기 기술에 사용하며 상대가 가까울 때 쓰인다. 팔굽은 돌려치기, 올려치기, 내려치기, 옆치기, 뒤치기에 사용한다.

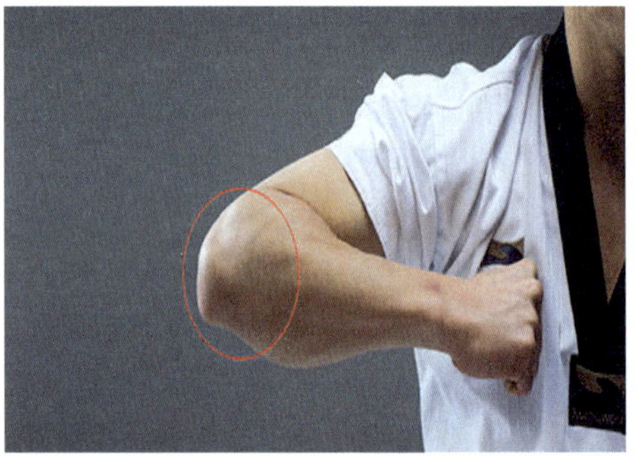

❑ 팔목

❍ 사용부위 : 팔과 손을 잇는 부분으로 손목 마디부터 팔꿈치 쪽으로 네 손가락을 붙여 놓은 만큼의 면적 부분이다.

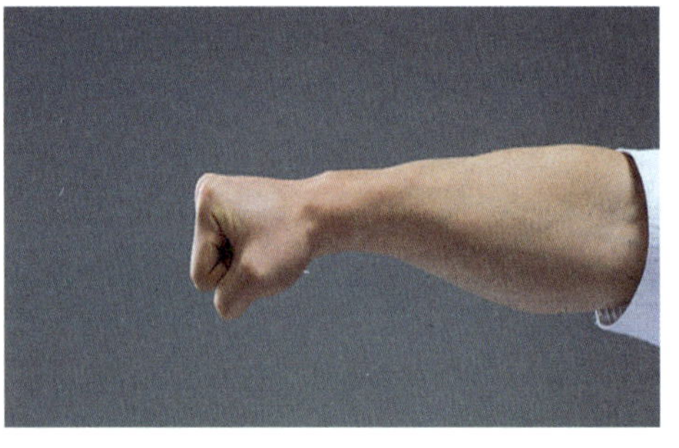

❑ 편손끝

❍ 쥐는 법 : 손날 때와 같으나 다만 집게손가락, 가운데손가락, 무명지 세 개의 손가락을 나란히 힘있게 붙이고 세 손가락의 끝이 같도록 한다.

❍ 사용부위 : 집게손가락, 가운데손가락, 무명지 세 개의 손가락 손끝을 사용한다.

❍ 사용 : 주로 찌르기 기술에 사용하며 훑기 기술에도 사용한다.

❑ 편주먹

- ○ 쥐는 법 : 주먹 쥘 때와 같이 네 손가락을 힘있게 붙여 끝마디부터 말아 쥐어 둘째 마디까지 완전히 오므리고 첫마디는 약간 굽혀 내각 160° 가량 되게 한다. 엄지손가락은 굽힌 집게손가락 둘째 마디 옆에 밀어 붙인다.
- ○ 사용부위 : 손가락의 둘째 마디
- ○ 사용 : 주먹과 같이 지르는 데 쓰이며 또 손끝과 같이 훑기 기술에도 쓰인다.

❑ 한손끝

- ○ 쥐는 법 : 집게손가락으로 무엇을 가리킬 때와 똑같으나 엄지를 가운데손가락에 힘있게 붙인다.
- ○ 사용부위 : 집게손가락 끝만 사용
- ○ 사용 : 주로 한쪽 눈을 찌르는 데 사용하지만 다른 급소 부위를 찌르는 데도 사용한다.

(2) 딛기

딛기란, 즉 겨루기 상화에서 이루어지는 상대의 자세, 위치, 거리 등의 상대적 요인에 따라 상대의 공격력을 약화시키거나 허점을 유도하며 효과적인 공격과 반격을 수행하기 위해 발로 이루어지는 모든 움직임을 말한다. 또한, 상대와의 거리를 유지하고 공·수 전환을 원활히 하기 위한 보조적 수단이며, 상대의 중심을 무너트리는 속임수 동작 및 발로 이루어지는 모든 움직임을 의미한다.

다시 말해, 상대방과의 거리 조절 및 공격과 방어동작 수행을 위해 발을 여러 곳으로 움직이거나 방향을 바꾸는 동작이다. 태권도에서 이루어지는 발의 모든 움직임을 포함하며, 이러한 '딛기'는 이동방향에 따른 몸의 움직임에 따라 『제자리딛기, 내딛기, 물러딛기, 왼/오른딛기, 모딛기, 돌아딛기』 등으로 나뉘게 된다.

❑ 내딛기

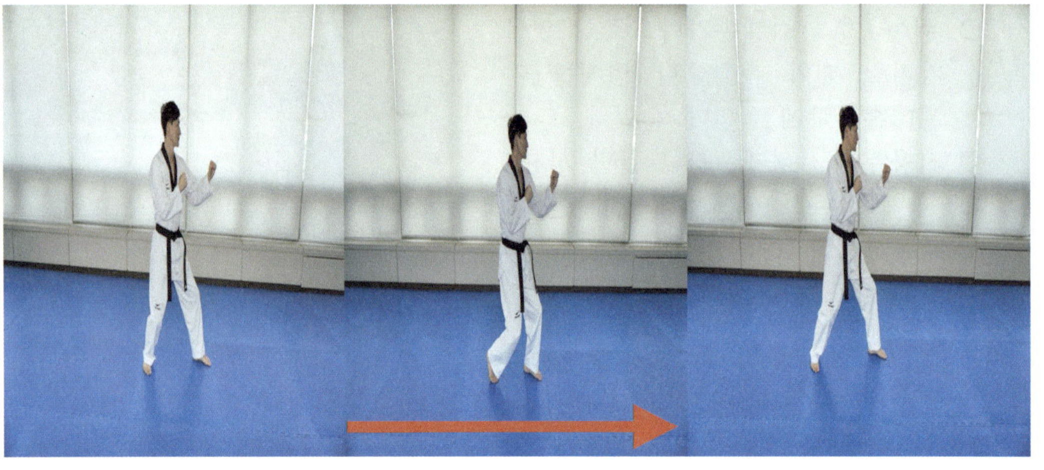

- ○ 몸의 중심을 앞으로 이동하는 동작
- ○ 몸의 중심을 앞쪽으로 이동하며 앞발 또는 뒷발을 한 걸음 이상 내딛는 동작으로 앞발이 먼저 나가면 '앞발 내딛기', 뒷발이 먼저 나가면 '뒷발 내딛기'로 활용한다.
- ○ 활용 - (두 발) 내딛기, 뒷발 내딛기, 앞발 내딛기

❑ 돌아딛기

○ 왼쪽이나 오른쪽으로 방향을 바꾸며 도는 동작
○ 한쪽 발을 중심으로 하여 다른 발을 시계 방향 또는 시계 반대 방향으로 돌려 딛는 동작으로 윗몸이 왼쪽 뒤로 돌 때는 '왼 돌아딛기', 윗몸이 오른쪽 뒤로 돌 때는 '오른 돌아딛기' 등으로 활용한다.
○ 활용 - 오른 돌아딛기, 왼 돌아딛기

❑ 모딛기

○ 몸의 중심을 대각선으로 이동하는 동작
○ 왼발 또는 오른발을 대각선 방향으로 내딛거나 물러 딛으며 왼 앞쪽, 왼 뒤쪽, 오른 앞쪽, 오른 뒤쪽 등으로 몸의 중심을 이동하는 동작이다.
○ 활용 - 오른뒤 딛기, 오른앞 딛기, 왼뒤 딛기, 왼앞 딛기

❏ 물러딛기

- 몸의 중심을 뒤로 이동하는 동작
- 몸의 중심을 뒤쪽으로 이동하며 앞발 또는 뒷발을 한걸음 이상 뒤로 물러딛는 동작으로 앞발이 먼저 빠지면 '앞발 물러딛기', 뒷발이 먼저 빠지면 '뒷발 물러딛기'로 활용한다.
- 활용 - (두 발) 물러딛기, 뒷발 물러딛기, 앞발 물러딛기

❏ 옆딛기

- 몸의 중심을 왼쪽이나 오른쪽으로 이동하는 동작
- 몸의 중심을 왼쪽이나 오른쪽으로 이동하며 이에 맞춰 발을 옆으로 움직이는 동작이다.
- 활용 - 오른 딛기, 왼 딛기

❑ 제자리딛기

○ 두 발을 제자리에서 가볍게 뛰는 동작

○ 신체의 중심을 앞발과 뒷발의 중앙에 두고 제자리에서 두 발을 동시에 뛰거나, 앞발과 뒷발을 교차하면서 뛰는 동작이다.

(3) 준비자세

준비자세란 태권도 기술 수행 전 신체의 긴장을 풀고 호흡을 조절하며 정신을 집중하는 자세이다. 품새에서는 고유한 6가지 준비자세가 있으며, 겨루기를 할 때에는 자신의 신체와 특성에 맞도록 자유롭게 자세를 취할 수 있다.

태권도의 준비자세로는 기본준비, 겹손준비, 겨루기준비, 두 주먹 허리준비, 보주먹준비, 통밀기준비 등이 있다.

기본준비

- ○ 대부분의 품새를 시작하기 전에 취하는 준비자세
- ○ 모아서기에서 왼발을 한 발 길이로 넓히고 두 손을 편 상태에서 명치 앞까지 끌어 올린 다음 숨을 내쉬며 두 주먹을 단전 앞으로 이동하는 준비자세이다.

겹손준비

- ○ 두 손을 모아 단전 앞에 오게 하는 준비자세
- ○ 모아서기에서 오른손 위에 왼손을 열십자로 겹쳐놓는다. 이때 겹손은 몸에서 약간 떨어진 상태여야 하며, 두 발은 모아서기를 취하는 준비자세이다.

두주먹허리준비

○ 두 주먹을 옆구리에 붙인 준비자세

○ 모아서기에서 등주먹이 아래쪽을 향하도록 하여 앞에서 보았을 때 팔꿈치가 보이지 않도록 팔굽을 뒤로 완전히 당긴 다음, 메주먹을 양 옆구리에 붙인 준비자세이다.

보주먹준비

○ 왼손으로 오른 주먹을 감싼 다음 몸의 앞으로 끌어올리는 준비자세

○ 모아서기 상태에서 오른손은 주먹을 쥐고 왼손은 편 상태에서 왼손으로 오른손을 지긋이 감싸며, 두 손을 단전 앞에서부터 인중이나 가슴 앞까지 끌어올리는 준비자세이다.

통밀기준비

겨루기준비(=겨룸새)

ㅇ 두 손바닥으로 통나무를 미는 듯한 모습의 준비자세

ㅇ 나란히서기 상태에서 두 손날을 단전 앞에서부터 얼굴 앞까지 손바닥이 몸 쪽을 바라보도록 끌어올린 다음, 통나무를 부여잡고 밀듯이 두 손바닥을 앞으로 천천히 밀어 내는 준비자세이다.

ㅇ 겨루기 전 두 선수가 자유스럽게 취하는 준비자세

ㅇ 모로 선 상태에서 두 주먹을 쥔 다음, 앞에 있는 팔은 90°정도 굽힌 상태에서 어깨 높이로 올리고, 다른 팔은 명치에서 한 주먹 거리 앞에 놓아 공격과 방어를 즉시 할 수 있도록 하는 준비자세로서 왼발이 앞에 있으면 '왼 겨룸새', 오른발이 앞에 있으면 '오른 겨룸새'이다

(4) 서기

서기란 공격이나 방어 기술을 수행하기 위해 지면을 하체로 지탱하는 움직임으로 몸의 중심 이동과 방향 전환을 효율적으로 수행하기 위한 기술이다.

서기는 크게 『넓혀서기, 모아서기, 특수품서기』로 나뉘어지며, '넓혀서기'란 두 발의 넓이가 한걸음 혹은 한발 이상 벌어진 자세를 의미하며 '나란히서기, 오른서기, 왼서기, 편히서기, 안쫑서기, 주춤서기, 낮추어서기, 모서기, 안쫑주춤서기, 앞주춤서기, 앞서기, 앞굽이 뒷굽이, ㅗ자서기, 범서기 등이 있다.

❑ 곁다리서기

- ❍ 한쪽 다리를 구부려 체중을 싣고 다른 발로는 중심을 잡는 자세
- ❍ 두 무릎은 주춤서기 높이와 같이 구부려 낮추며, 앞발의 발날등 중간 부분에 뒷발의 엄지발가락 부분이 와서 닿게 하며 뒤축은 들어 앞축만 땅에 닿게 하는 자세이다.

❑ 꼬아서기

- ❍ 몸을 앞, 뒤, 옆으로 움직이거나 돌 때에 두 발이 서로 교차하며 만들어지는 자세
- ❍ 몸의 중심을 낮춘 상태에서 앞, 뒤, 옆으로 다리를 교차하며 움직일 때에 나타나는 자세로서 이때 축이 되는 발을 기준으로 이동하는 발이 앞으로 움직이면 '앞 꼬아서기', 뒤로 움직이면 '뒤 꼬아서기'이다.

❑ 나란히서기

- ❍ 두 발을 같은 꼴로 선 자세
- ❍ 두 다리의 무릎은 곧게 펴고, 몸의 중심은 한가운데 놓으며 발날등이 서로 마주 보도록 하는 자세이며 발끝을 안쪽으로 모으면 '안쫑서기', 발끝을 바깥쪽으로 벌리면 '편히서기'이다.

❑ 뒷굽이

- ❍ 체중을 뒷다리에 실은 자세
- ❍ 두 다리를 굽힌 채, 몸의 중심을 뒤로 이동시켜 지지하고 있는 뒤쪽 다리에 체중을 많이 실은 자세이다. 이때, 앞발을 좀 더 몸의 안쪽에 오게 하는 자세를 'ㅗ'자서기라 한다.

❑ 모서기

- ❍ 몸이 대각선 방향을 바라보도록 앞, 뒤로 내디딘 자세
- ❍ 발을 틀어 모 방향으로 섬으로써 상대방을 공격하거나, 공격을 비켜서 피하는 자세이다.

❑ 모아서기

- 두 발날등을 완전히 맞대고 두 무릎은 곧게 편 자세.
- 품새를 시작하거나 마칠 때 정신을 집중하고 온몸의 긴장을 풀려고 취하는 자세로서 앞축만 맞닿을 때는 '앞축 모아서기', 뒤축만 맞닿을 경우에는 '뒤축 모아서기'라고 한다.

❑ 범서기

- 앞서기 자세에서 무릎을 맞닿을 정도로 붙이며 낮춘 자세
- 앞뒤 방향으로의 작고 큰 움직임을 쉽게 하려는 자세로서 두 무릎을 서로 맞닿을 정도로 붙인 상태에서 앞발의 뒤축과 뒷발의 앞축을 서로 비슷한 선상에 놓은 후, 앞발의 뒤축은 땅에 닿지 않도록 띄우고 체중은 거의 뒷발에 실은 자세이다.

❑ 앞굽이

- 체중을 앞다리에 실은 자세
- 몸의 중심을 앞으로 이동시켜 지지하고 있는 앞쪽 다리에 체중을 많이 실은 자세이다.

❑ 앞서기

○ 앞으로 한걸음 내디뎌 선 자세

○ 두 발의 너비는 한 걸음 정도로 하며 몸의 중심을 가운데 놓고, 몸통을 반듯하게 세운 자세이다.

❑ 옆서기

○ 나란히서기에서 오른발이나 왼발을 직각으로 튼 자세

○ 두 다리의 무릎은 곧게 펴고, 두 발의 너비는 한 발 길이로 하여 내디딘 발끝이 중심이 되는 발과 직각이 되도록 한다.

❑ 주춤서기

○ 두 발의 너비를 두 발 길이 정도로 하여 다리를 약간 굽히며 주춤거리는 듯 서 있는 자세

○ 두 다리의 무릎은 내려다봤을 때 무릎과 발끝이 일치되게 굽혀 서며 몸통은 반듯하게 하고 두 무릎과 정강이를 반듯하게 세운다. 이때 주춤서기에서 양쪽 발끝을 각각 좁혀 모으면 '안쫑주춤서기', 한 발을 앞으로 내디뎌 서면 '앞 주춤서기', 한 발을 모로 내디뎌 서면 '모 주춤서기'라 한다.

❏ 학다리서기

- 한쪽 무릎을 굽혀 낮추고, 다른 발을 끌어 올려 발날등을 무릎 안쪽이나 오금 가까이에 놓은 자세.
- 학이 서 있는 모양을 본떠 이름 붙인 서기로서, 온몸의 체중을 한쪽 발로 지탱하며, 다른 발은 지탱하는 발의 무릎에 대어 중심을 잡도록 한 자세이다.

(5) 기본동작

기본동작은 수많은 기본기술 중에서 그 본이 되는 동작을 선정한 것으로, 다음과 같은 14가지 동작으로 구성 및 분류할 수 있다.

❑ 기본준비서기 : 구령은 '준비'라 한다.

1 2 3

❑ 주춤서 몸통지르기

1 2

❑ 내려막기(아래막기)

1 2 3

❑ 몸통반대지르기

1 2 3

❑ 앞차기

1 2 3

❑ 몸통바깥막기

1 2 3

❑ 등주먹치기

1 2 3

❑ 옆차기

1 2 3

❑ 안막기(몸통막기)

1 2 3

❑ 손날거들어막기

1 2 3

❑ 돌려차기

1 2 3

❑ 올려막기(얼굴막기)

1 2 3

❑ 손날안치기

1 2 3

❑ 몸통바로지르기

3) 품 새

품새의 정의와 역사, 가치에 대해 이해하고, 품새 구성원리 및 수련단계를 파악하여 태권도 품새의 이론과 실기, 응용을 해득한다.

(1) 품새의 개념 및 정의

품새란 가상의 공격에 대한 방어와 반격 기술들이 규정된 원리와 형식에 따라 상대방 없이 혼자서 수련할 수 있도록 이어놓은 동작들로서 태권도 기술의 주요한 구성요소이다. 즉, 품새란 수련자의 심신수양을 위해 태권도의 정신과 기술의 정수가 반영됨으로써 태권도 기술체계 가운데 으뜸을 차지한다.

품새는 오롯한 우리말인 '품'과 '새'가 합쳐진 말이다. '품'은 '의존명사'로서 행동이나 말씨에서 드러나는 '태도'나 '됨됨이'를 말한다. '새'는 일부 명사 뒤에 붙어 '모양', '상태', '정도'의 뜻을 더하는 접미사이다. 품새는 태권도의 핵심 기술이자 우리말로 된 '겨루기'와 나란히 씌어야 할 중요한 이름이므로 기존의 한자어인 '품세(品勢)'란 말뜻과 비슷한 우리말로 바뀌었다. 우리말의 어원적 근거와 태권도의 맥락에서 문자상 품새의 의미는 '태권도의 특정한 기술 동작들이 행해지는 모양이나 짜여진 상태이다.'로 풀이될 수 있다.

품새의 쓰임새는 상대의 공격을 가정하고 그에 대응하는 막기에 이어 지르기, 치기, 차기 등 반격 기술들을 혼자서 습득할 수 있도록 꾸며진 것이다. 품새는 공격과 방어 동작을 이어놓은 것이기 때문에 동작의 변화가 많고 기술의 연결이 다양하므로 수련자는 몸의 이동, 시선, 호흡 등에 유의해야 한다. 품새를 수행할 때에는 특히 정확한 서기 자세와 팔 동작, 힘의 강약, 안정된 중심이동, 동작 속도의 완급 등이 중요하다.

품새는 수련자들이 매 공방의 동작마다 발의 위치가 정해진 서기와 그 이동 방향을 선(線)으로 표시한 품새선이 지정되어 있다. 유급자 품새는 태극1장부터 태극8장까지 8개가 있고, 유단자 품새는 1단에서 9단까지 고려, 금강, 태백, 평원, 십진, 지태, 천권, 한수, 일여 총 9가지 종류가 있다.

태극1장

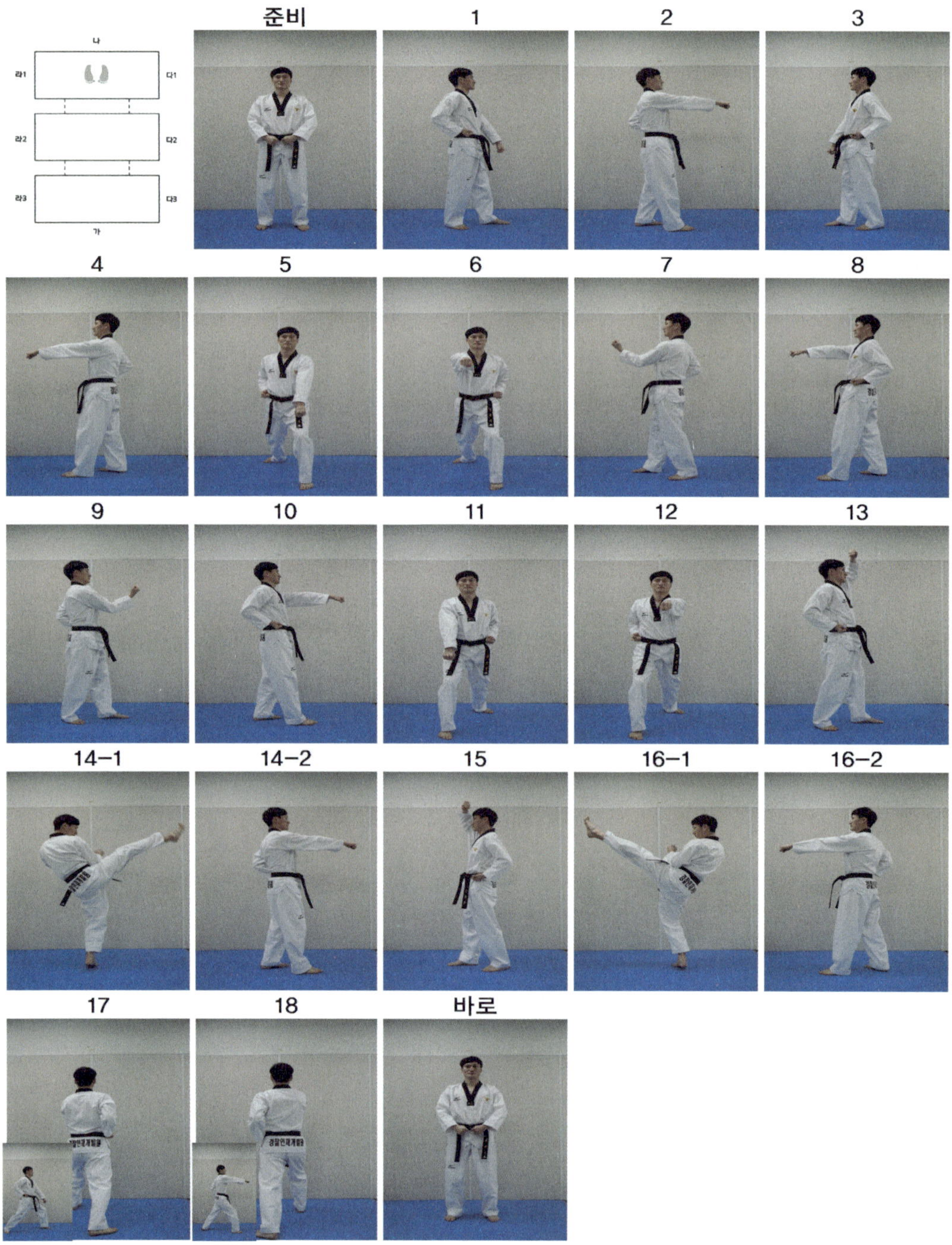
나
라1
다1
라2
다2
라3
다3
가
준비
1
2
3
4
5
6
7
8
9
10
11
12
13
14-1
14-2
15
16-1
16-2
17
18
바로

태극1장

태극 1장은 팔괘의 건(乾)을 의미하며 건은 하늘과 양(陽)을 뜻한다. 건이 만물의 근원이 되는 시초를 나타낸 것과 같이 태권도에 있어서도 맨 처음의 품새이다. 특징은 서기에서는 가장 쉬운 걷기 위주이며 동작은 기초적인 내려막기, 안막기, 지르기, 앞차기로 구성되어 있다.

태권도 8급이 수련하는 품새이다.

순서	시선	위치	서기	동작	품명
준비	가	나	나란히서기		기본준비
1	다1	다1	왼 앞서기	왼쪽으로 왼발 내디뎌	왼 내려막기
2	다1	다1	오른 앞서기	오른발 내디뎌	오른 지르기
3	라1	라1	오른 앞서기	뒤로 오른발 오른 돌아디뎌	오른 내려 막기
4	라1	라1	왼 앞서기	왼발 내디뎌	왼 지르기
5	가	가	왼 앞굽이	왼쪽으로 왼발 내디뎌	왼 내려막기
6	가	가	왼 앞굽이	그대로	오른 지르기
7	라2	라2	오른 앞서기	오른쪽으로 오른발 내디뎌	왼 안막기
8	라2	라2	왼 앞서기	왼발 내디뎌	오른 지르기
9	다2	다2	왼 앞서기	뒤로 왼발 왼 돌다디뎌	오른 안막기
10	다2	다2	오른 앞서기	오른발 내디뎌	왼 지르기
11	가	가	오른 앞굽이	오른쪽으로 오른발 내디뎌	오른 내려막기
12	가	가	오른 앞굽이	그대로	왼 지르기
13	다3	다3	왼 앞서기	왼쪽으로 왼발 내디뎌	왼 올려막기
14	다3	다3	오른 앞서기	오른발 앞차고 내디뎌	오른 지르기
15	라3	라3	오른 앞서기	뒤로 오른발 오른 돌다디뎌	오른 올려막기
16	라3	라3	왼 앞서기	왼발 앞차고 내디뎌	왼 지르기
17	나	나	왼 앞굽이	오른쪽으로 왼발 내디뎌	왼 내려막기
18	나	나	오른 앞굽이	오른발 내디뎌	오른 지르기 -기합-
바로	가	나	나란히서기	왼발 끌어 왼 돌아디뎌	기본준비

태극2장

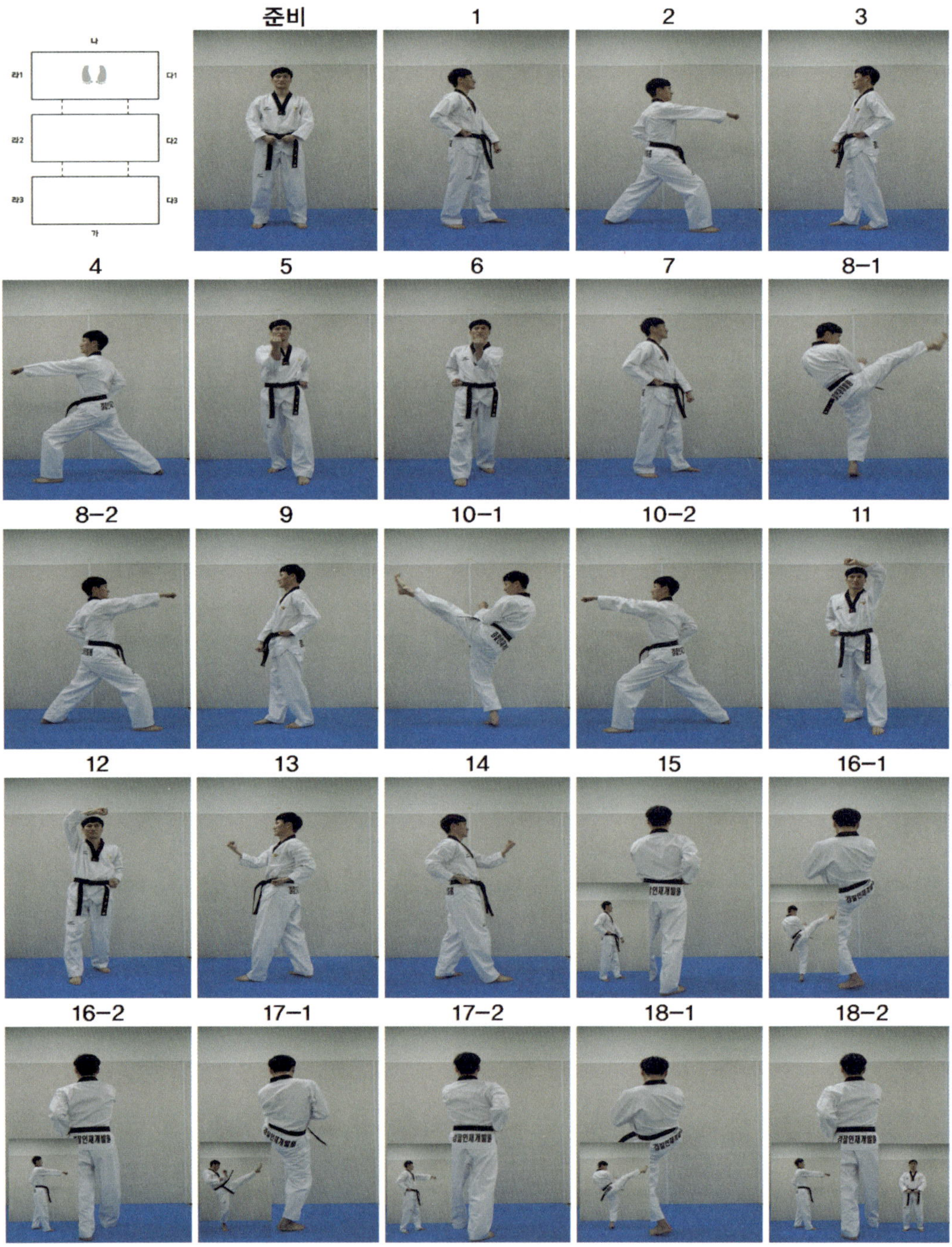

태극2장

태극 2장은 팔괘의 태(兌)를 의미하며 태는 속으로 단단하고 겉으로는 부드럽다는 뜻이다.

태극 1장을 수련하여 품새에 대한 알찬 마음이 생겨 기초적인 막기와 차기를 할 수 있는 품새다. 새로운 동작은 얼굴 지르기이며 앞차기 동작을 많이 넣어 몸에 익히게 하였다.

태권도 7급이 수련하는 품새이다.

순서	시선	위치	서기	동작	품명
준비	가	나	나란히서기		기본준비
1	다1	다1	왼 앞서기	왼쪽으로 왼발 내디뎌	왼 내려막기
2	다1	다1	오른 앞굽이	오른발 내디뎌	오른 지르기
3	라1	라1	오른 앞서기	뒤로 오른발 오른 돌아디뎌	오른 내려막기
4	라1	라1	왼 앞굽이	왼발 내디뎌	왼 지르기
5	가	가	왼 앞서기	왼쪽으로 왼발 내디뎌	왼 안막기
6	가	가	오른 앞서기	오른발 내디뎌	오른 안막기
7	다2	다2	왼 앞서기	왼쪽으로 왼발 내디뎌	왼 내려막기
8	다2	다2	오른 앞굽이	오른발 앞차고 내디뎌	오른 얼굴지르기
9	라2	라2	오른 앞서기	뒤로 오른발 오른 돌아디뎌	오른 내려막기
10	라2	라2	왼 앞굽이	왼발 앞차고 내디뎌	왼 얼굴지르기
11	가	가	왼 앞서기	왼쪽으로 왼발 내디뎌	왼 올려막기
12	가	가	오른 앞서기	오른발 내디뎌	오른 올려막기
13	라3	라3	왼 앞서기	오른쪽으로 왼발 왼 돌아디뎌	오른 안막기
14	다3	다3	오른 앞서기	오른쪽 뒤로 돌아	왼 안막기
15	나	나	왼 앞서기	왼쪽으로 왼발 내디뎌	왼 내려막기
16	나	나	오른 앞서기	오른발 앞차고 내디뎌	오른 지르기
17	나	나	왼 앞서기	왼발 앞차고 내디뎌	왼 지르기
18	나	나	오른 앞서기	오른발 앞차고 내디뎌	오른 지르기 -기합-
바로	가	나	나란히서기	왼발 끌어 왼 돌아디뎌	기본준비

태극3장

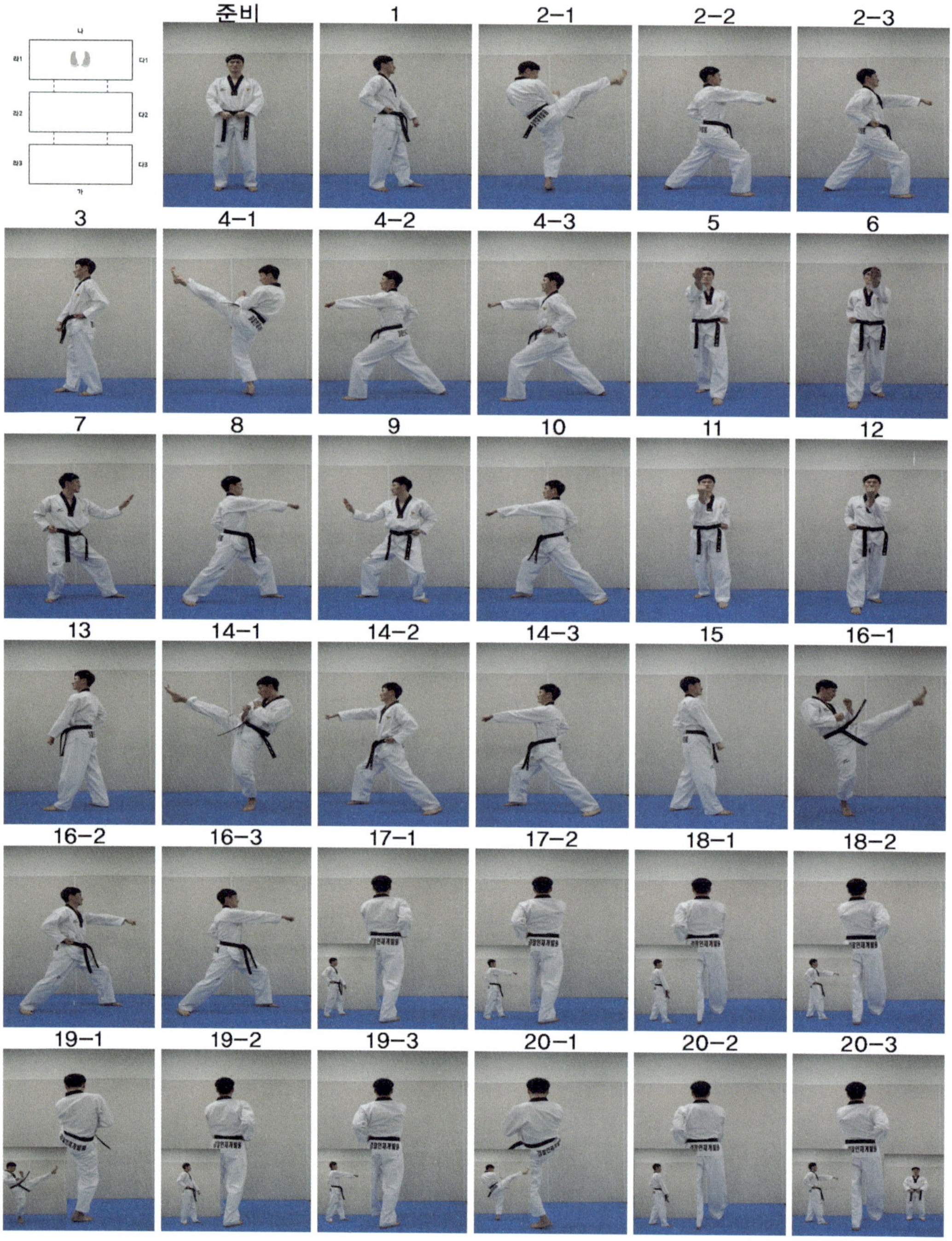
나
라1
다1
라2
다2
라3
다3
가
준비
1
2-1
2-2
2-3
3
4-1
4-2
4-3
5
6
7
8
9
10
11
12
13
14-1
14-2
14-3
15
16-1
16-2
16-3
17-1
17-2
18-1
18-2
19-1
19-2
19-3
20-1
20-2
20-3

태극3장

태극 3장은 팔괘의 이(離)를 의미하여 이는 불을 나타내고 뜨겁고 밝음을 지닌다.
태권도 품새 수련을 통한 불같은 정의심과 수련의욕이 생겨난 파란띠로 승급할 수 있는 과정이다. 새로운 동작은 손날안치기, 손날 바깥막기이고 새로운 서기는 뒷굽이이며 기술은 연속 막고 치기와 차고 연속 지르기가 특징이다.
빠른 속도로 상대로부터의 치기를 막고 되치는 기술의 힘을 중요시 한다.
태권도 6급이 수련하는 품새이다.

순서	시선	위치	서기	동작	품명
준비	가	나	나란히서기		기본준비
1	다1	다1	왼 앞서기	왼발 내디뎌	왼 내려막기
2	다1	다1	오른 앞굽이	오른발 앞차고 내디뎌	두 번 지르기
3	라1	라1	오른 앞서기	뒤로 오른발 오른 돌아디뎌	오른 내려막기
4	라1	라1	왼 앞굽이	왼발 앞차고 내디뎌	두 번 지르기
5	가	가	왼 앞서기	왼쪽으로 왼발 내디뎌	오른 손날 안치기
6	가	가	오른 앞서기	오른발 내디뎌	왼 손날 안치기
7	다2	다2	오른 뒷굽이	왼쪽으로 왼발 내디뎌	왼 손날 바깥막기
8	다2	다2	왼 앞굽이	왼발 내디뎌	오른 지르기
9	라2	라2	왼 뒷굽이	뒤로 돌아 오른발 끌어	오른 손날 바깥막기
10	라2	라2	오른 앞굽이	오른발 내디뎌	왼 지르기
11	가	가	왼 앞서기	왼쪽으로 왼발 내디뎌	오른 안막기
12	가	가	오른 앞서기	오른발 내디뎌	왼 안막기
13	라3	라3	왼 앞서기	오른쪽으로 왼발 왼 돌아디뎌	왼 내려막기
14	라3	라3	오른 앞굽이	오른발 앞차고 내디뎌	두 번 지르기
15	다3	다3	오른 앞서기	뒤로 오른발 오른 돌아디뎌	오른 내려막기
16	다3	다3	왼 앞굽이	왼발 앞차고 내디뎌	두 번 지르기
17	나	나	왼 앞서기	왼쪽으로 왼발 내디뎌 왼 내려막고	오른 지르기
18	나	나	오른 앞서기	왼발 내디뎌 오른 내려막고	왼 지르기
19	나	나	왼 앞서기	왼발 앞차고 내디뎌 왼 내려막고	오른 지르기
20	나	나	오른 앞서기	오른발 앞차고 내디뎌 오른 내려막고	왼 지르기 -기합-
바로	가	나	나란히서기	왼발 끌어 왼 돌아디뎌	기본준비

태극4장

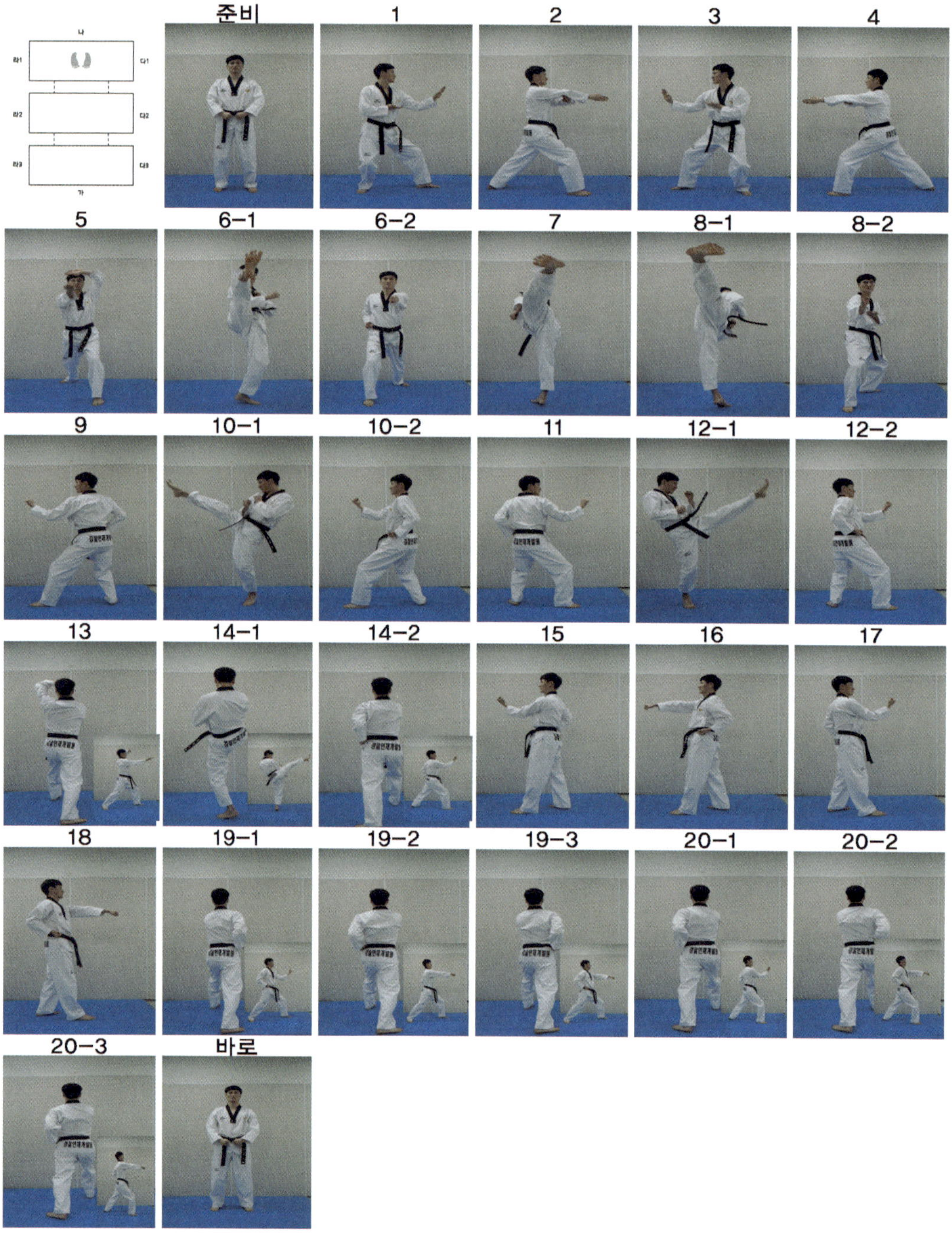
준비
1
2
3
4
5
6-1
6-2
7
8-1
8-2
9
10-1
10-2
11
12-1
12-2
13
14-1
14-2
15
16
17
18
19-1
19-2
19-3
20-1
20-2
20-3
바로

태극4장

태극 4장은 팔괘의 진(震)을 의미하며 진은 우뢰를 나타내고 큰 힘과 위엄있는 뜻을 지니고 있다.

파란띠의 품새답게 차원높은 기술과 동작이 많다. 새로운 동작은 손날 거들어 바깥막기, 편손끝 찌르기, 제비품 안치기, 옆차기, 바깥막기, 등주먹 앞치기이고 특수한 미끄럼발이 있다. 겨루기에 대비한 각종 동작과 뒷굽이 서기가 많다는 것이 특징이다.

순서	시선	위치	서기	동작	품명
준비	가	나	나란히서기		기본준비
1	다1	다1	오른 뒷굽이	왼쪽으로 왼발 내디뎌	왼 손날 거들어 바깥막기
2	다1	다1	오른 앞굽이	오른발 내디뎌	오른 세워찌르기
3	라1	라1	왼 뒷굽이	뒤로 오른발 오른 돌아디뎌	손날 거들어 바깥막기
4	라1	라1	왼 앞굽이	왼발 내디뎌	왼 세워찌르기
5	가	가	왼 앞굽이	왼쪽으로 왼발 내디뎌	오른 제비품 안치기
6	가	가	오른 앞굽이	오른발 앞차고 내디뎌	오른 지르기
7	가	가		왼발 옆차고	
8	가	가	왼 뒷굽이	오른발 옆차고 내디뎌	오른 손날 거들어 바깥막기
9	라3	라3	오른 뒷굽이	오른쪽으로 왼발 왼 돌아디뎌	왼 바깥막기
10	라3	라3	오른 뒷굽이	오른발 앞차고 제자리 물려디뎌	오른 안막기
11	다3	다3	왼 뒷굽이	오른쪽으로 뒤로 돌아	오른 바깥막기
12	다3	다3	왼 뒷굽이	왼발 앞차고 제자리 물려디뎌	왼 안막기
13	나	나	왼 앞굽이	왼쪽으로 왼발 내디뎌	오른 제비품 안치기
14	나	나	오른 앞굽이	오른발 앞차고 내디뎌	등주먹 얼굴앞치기
15	라2	라2	왼 앞서기	왼쪽으로 왼발 내디뎌	왼 안막기
16	라2	라2	왼 앞서기	그대로	오른 지르기
17	다2	다2	오른 앞서기	오른쪽으로 뒤로 돌아	오른 안막기
18	다2	다2	오른 앞서기	그대로	왼 지르기
19	나	나	왼 앞굽이	왼쪽으로 왼발 내디뎌 왼 안막고	두 번 지르기
20	나	나	오른 앞굽이	오른발 내디뎌 오른 안막고	두 번 지르기 -기합-
바로	가	나	나란히서기	왼발 끌어 왼 돌아디뎌	기본준비

태극5장

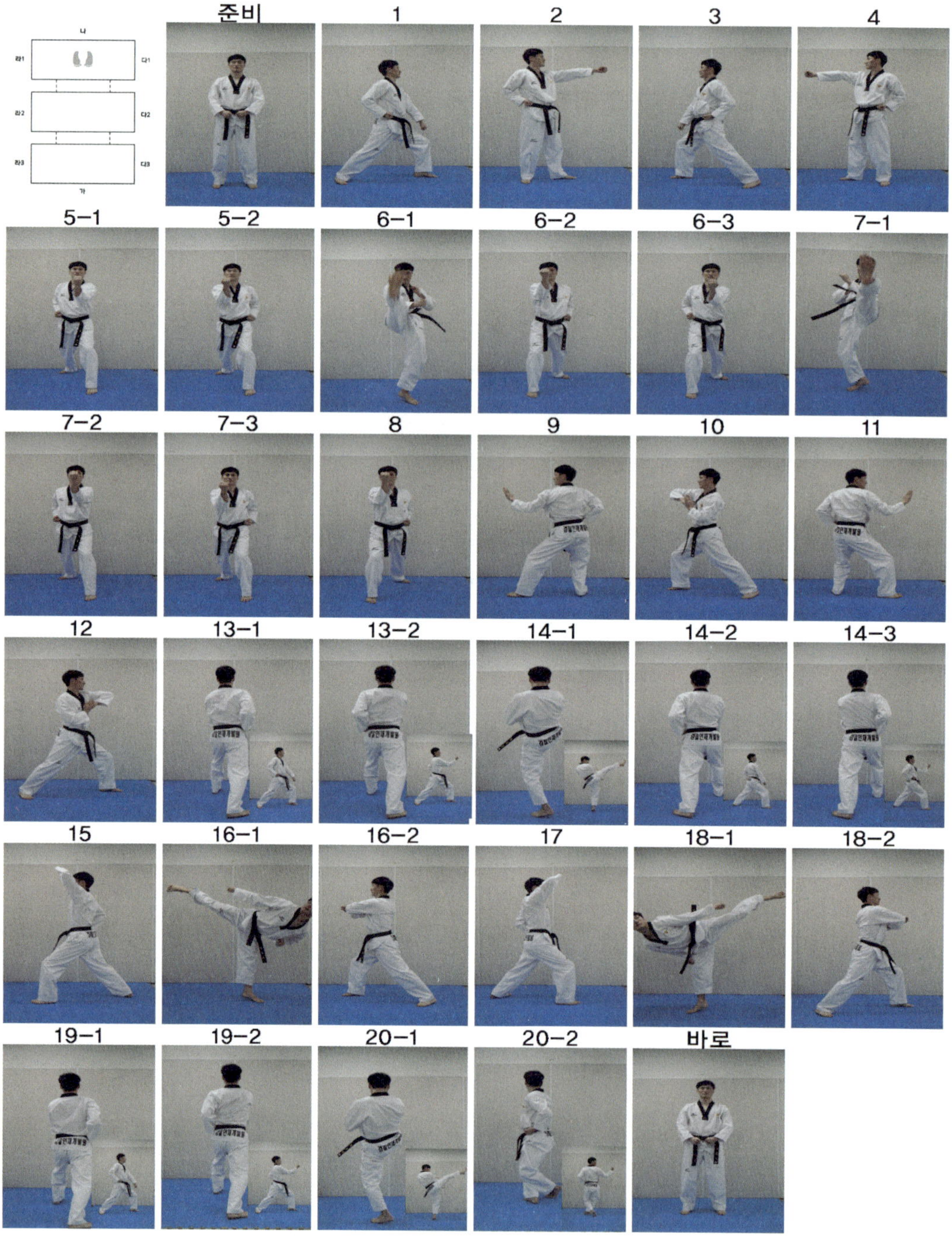
준비
1
2
3
4
5-1
5-2
6-1
6-2
6-3
7-1
7-2
7-3
8
9
10
11
12
13-1
13-2
14-1
14-2
14-3
15
16-1
16-2
17
18-1
18-2
19-1
19-2
20-1
20-2
바로

태극5장

태극 5장은 팔괘의 손을 의미하며 손을 바람을 나타내고 바람의 강약에 따라 위세와 고요의 뜻을 지닌다.

힘의 강약을 조절할 수 있는 수련단계라 할 수 있겠다. 새로운 동작은 메주먹 내려치기, 팔굽 돌려치기, 메주먹 옆치기, 팔굽 표적치기가 있고, 서기는 꼬아서기와 왼서기, 오른서기가 나온다. 특징으로는 차기 뒤에 내려막고 안막기를 하는 연속되는 동작과 뛰어 구르면서 치는 동작이 특수하고, 표적치기 시에는 표적이 움직이지 않게 주의해야 한다.

태권도 4급이 수련하는 품새이다.

순서	시선	위치	서기	동작	품명
준비	가	나	나란히서기		기본준비
1	다1	다1	왼 앞굽이	왼쪽으로 왼발 내디뎌	왼 내려막기
2	다1	다1	왼 서기	왼발 물러디뎌	왼 메주먹 내려치기
3	라1	라1	오른 앞굽이	뒤로 오른발 오른 돌아디뎌	오른 내려막기
4	라1	라1	오른 서기	오른발 물러디뎌	오른 메주먹 내려치기
5	가	가	왼 앞굽이	왼쪽으로 왼발 내디뎌 왼 안막고	오른 안막기
6	가	가	오른 앞굽이	오른발 앞차고 내디뎌 등주먹 앞치고	왼 안막기
7	가	가	왼 앞굽이	왼발 앞차고 내디뎌 왼 등주먹 앞치고	오른 안막기
8	가	가	오른 앞굽이	오른발 내디뎌	오른 등주먹 앞치기
9	라2	라2	오른 뒷굽이	오른쪽으로 왼발 왼 돌아디뎌	손날 바깥막기
10	라2	라2	오른 앞굽이	오른발 내디뎌	오른 팔굽 돌려치기
11	다3	다3	왼 뒷굽이	뒤로 오른발 오른 돌아디뎌	왼 손날 바깥막기
12	다3	다3	왼 앞굽이	왼발 내디뎌	왼 팔굽 돌려치기
13	나	나	왼 앞굽이	왼쪽으로 왼발 내디뎌 왼 내려막고	오른 안막기
14	나	나	오른 앞굽이	오른발 앞차고 내디뎌 오른 내려막고	왼 안막기
15	라2	라2	왼 앞굽이	왼쪽으로 왼발 내디뎌	왼 올려막기
16	라2	라2	오른 앞굽이	오른발 옆차고 내디뎌	왼 팔굽 표적치기
17	다2	다2	오른 앞굽이	뒤로 오른발 오른 돌아디뎌	오른 올려막기
18	다2	다2	왼 앞굽이	왼발 옆차고 내디뎌	오른 팔굽 표적치기
19	나	나	왼 앞굽이	왼쪽으로 왼발 내디뎌 왼 내려막고	오른 안막기
20	나	나	뒤꼬아서기	오른발 앞차고 내디뎌	등주먹 앞치기 -기합-
바로	가	나	나란히서기	왼발 끌어 왼 돌아디뎌	기본준비

태극6장

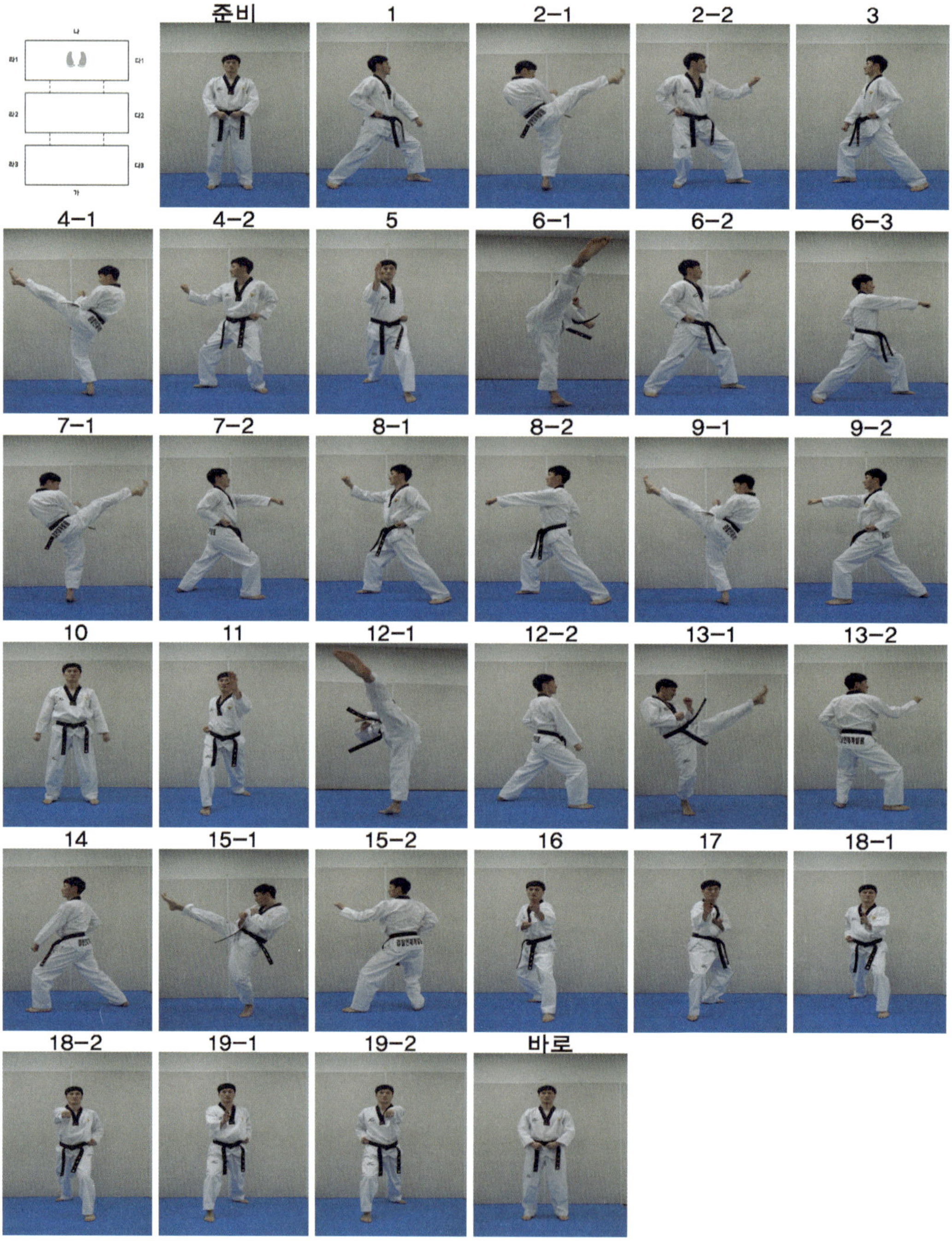
준비
1
2-1
2-2
3
4-1
4-2
5
6-1
6-2
6-3
7-1
7-2
8-1
8-2
9-1
9-2
10
11
12-1
12-2
13-1
13-2
14
15-1
15-2
16
17
18-1
18-2
19-1
19-2
바로

태극6장

태극 6장은 팔괘의 감(坎)을 의미하며 감은 물을 나타내고 끊임없는 흐름과 유연함을 뜻한다. 만물의 생명원인 물의 특성처럼 기술의 연결이 물 흐르듯 해야 한다. 새로운 동작은 손날 바깥막기, 돌려차기, 바깥막기, 바탕손 안막기가 있고 품새의 중간에 편히서기가 나온다. 수련상의 유의점은 돌려차고 난 다음 찬 발을 정확히 앞으로 내딛기와 바탕손 안막기를 할 때는 막는 부위가 다르므로 팔목으로 막을 때보다 손바닥 길이만큼 낮추어야 한다. 태권도 3급이 수련하는 품새이다.

순서	시선	위치	서기	동작	품명
준비	가	나	나란히서기		기본준비
1	다1	다1	왼 앞굽이	왼쪽으로 왼발 내디뎌	왼 내려막기
2	다1	다1	오른 뒷굽이	오른발 앞차고 물려디뎌	왼 바깥막기
3	라1	라1	오른 앞굽이	뒤로 오른쪽으로 돌아	오른 내려막기
4	라1	라1	왼 뒷굽이	왼발 앞차고 물려디뎌	오른 바깥막기
5	가	가	왼 앞굽이	왼쪽으로 왼발 내디뎌	오른 손날 비틀어막기
6	다2	다2	왼 앞굽이	오른발 돌려차고 내딛고 왼쪽으로 왼발 내디뎌 왼 얼굴 바깥막고	오른 지르기
7	다2	다2	오른 앞굽이	오른발 앞차고 내디뎌	왼 지르기
8	라2	라2	오른 앞굽이	뒤로 오른발 오른 돌아디뎌 오른 얼굴 바깥막고	왼 지르기
9	라2	라2	왼 앞굽이	왼발 앞차고 내디뎌	오른 지르기
10	가	가	나란히서기	왼쪽으로 왼발 끌어	헤쳐막기
11	가	가	오른 앞굽이	오른발 내디뎌	왼 손날 비틀어막기
12	다3	다3	오른 앞굽이	왼발 돌려차고-기합- 내디뎌 왼쪽으로 오른발 돌아디뎌	오른 내려막기
13	다3	다3	왼 뒷굽이	왼발 앞차고 몰려디뎌	오른 바깥막기
14	라3	라3	왼 앞굽이	뒤로 왼발 왼 돌아디뎌	왼 내려막기
15	라3	라3	오른 뒷굽이	오른발 앞차고 물려디뎌	왼 바깥막기
16	가	나	오른 뒷굽이	오른쪽으로 오른발 물러디뎌	왼 손날 거들어 바깥막기
17	가	나	왼 뒷굽이	뒤로 왼발 물려디뎌	오른 손날 거들어 바깥막기
18	가	나	왼 앞굽이	뒤로 오른발 물러디뎌 왼 바탕손 안막고	오른 지르기
19	가	나	오른 앞굽이	뒤로 왼발 물려디뎌 오른 바탕손 안막고	왼 지르기
바로	가	나	나란히서기	오른발 물러디뎌	기본준비

태극7장

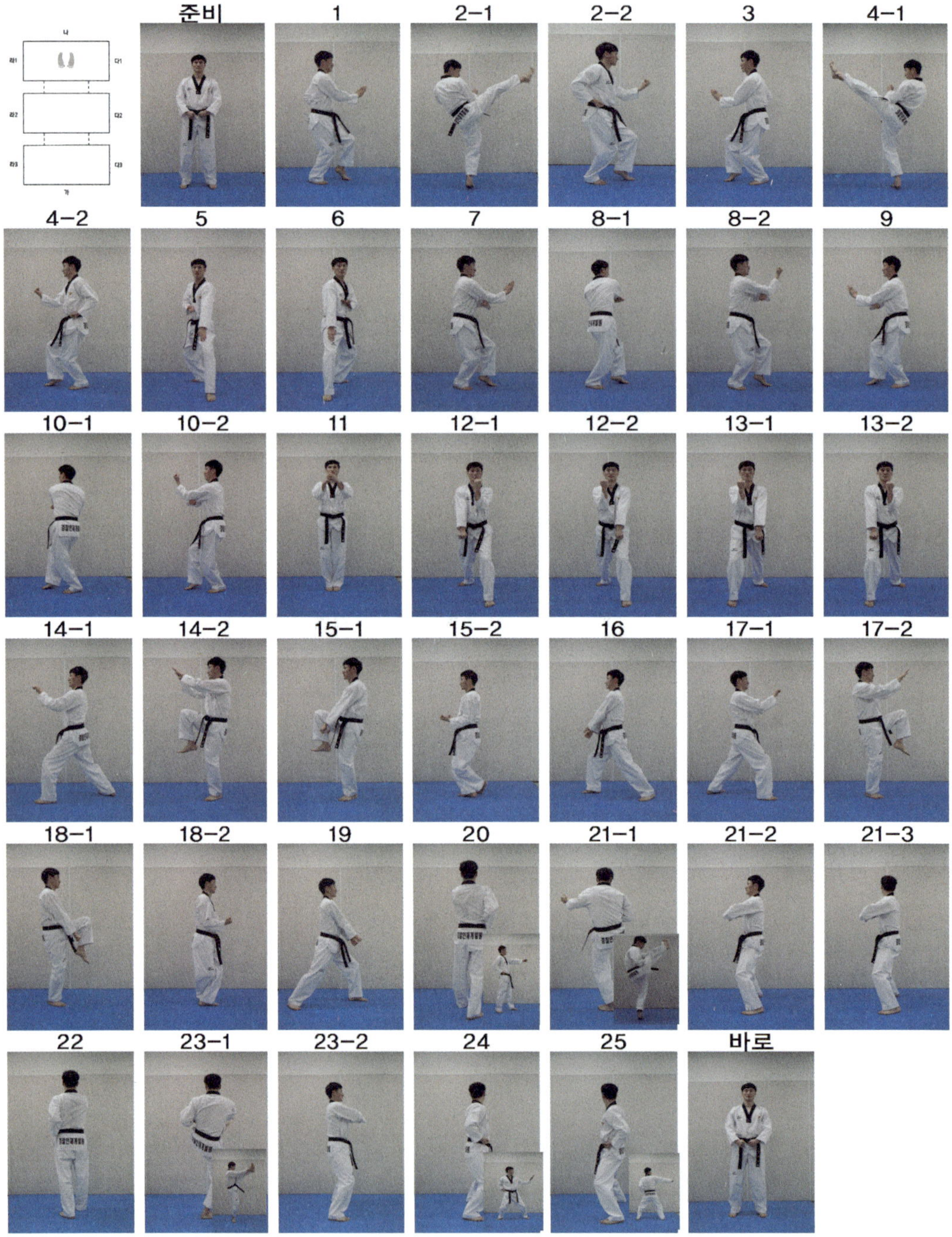
준비
1
2-1
2-2
3
4-1
4-2
5
6
7
8-1
8-2
9
10-1
10-2
11
12-1
12-2
13-1
13-2
14-1
14-2
15-1
15-2
16
17-1
17-2
18-1
18-2
19
20
21-1
21-2
21-3
22
23-1
23-2
24
25
바로

태극7장

태극 7장은 팔괘의 간(艮)을 의미하며 산을 나타내고 육중함과 굳건하다는 뜻을 지닌다. 태권도의 빨간띠가 되면 흔들리지 않는 수련의식과 기술습득으로 인한 힘의 무게를 지닐 수 있다. 새로운 동작이 많이 나오는 품새이므로 많은 노력이 필요하다. 새로운 동작은 손날 내려막기, 바탕손 거들어 안막기, 보주먹 가위막기, 무릎치기, 헤쳐막기, 두 젖힌주먹 지르기, 엇걸어 아래막기, 표적치기, 옆지르기가 있고 서기에서는 범서기와 주춤서기가 나온다. 동작이 다양하므로 연결성에 중점을 두어 수련해야 한다. 태권도 2급이 수련하는 품새이다.

순서	시선	위치	서기	동작	품명
준비	가	나	나란히서기		기본준비
1	다1	다1	왼 범서기	왼쪽으로 왼발내디뎌	오른손 바탕손 안막기
2	다1	다1	왼 범서기	오른발 앞차고 물러디뎌	왼 안막기
3	라1	라1	오른 범서기	오른쪽 뒤로 돌아	왼 바탕손 안막기
4	라1	라1	오른 범서기	왼발 앞차고 물려디뎌	오른 안막기
5	가	가	오른 뒷굽이	왼쪽으로 왼발 내디뎌	왼 손날 거들어 내려막기
6	가	가	왼 뒷굽이	오른발 내디뎌	오른 손날 거들어 내려막기
7	다2	다2	왼 범서기	왼쪽으로 왼발 내디뎌	바탕손 거들어 안막기
8	다2	다2	왼 범서기	그대로	오른 등주먹 앞치기
9	라2	라2	오른 범서기	오른쪽 뒤로 돌아	바탕손 거들어 안막기
10	라2	라2	오른 범서기	그대로	인 등주먹 앞치기
11	가	가	모아서기	왼쪽으로 왼발 끌어	보주먹
12	가	가	왼 앞굽이	왼발 내디뎌 가위막기하고	가위막기
13	가	가	오른 앞굽이	오른발 내디뎌 가위막기하고	가위막기
14	라3	라3	왼 앞굽이	오른쪽으로 왼발 왼 돌아디뎌	헤쳐막기
15	라3	라3	뒤꼬아서기	오른 무릎치고 오른발 내디뎌	두주먹 젖혀지르기
16	라2	라3	오른 앞굽이	왼발 물려디뎌	엇걸어막기
17	다3	다3	오른 앞굽이	뒤로 오른발 오른 돌아디뎌	헤쳐막기
18	다3	다3	뒤꼬아서기	왼 무릎치고 왼발 내디뎌	두주먹 젖혀지르기
19	다3	다3	왼 앞굽이	오른발 물려디뎌	엇걸어막기
20	나	나	왼 앞서기	왼쪽으로 왼발 내디뎌	등주먹 바깥치기
21	나	나	주춤서기	오른발 표적차고 내디뎌	팔굽 표적치기
22	나	나	오른 앞서기	왼발 끌어	등주먹 바깥치기
23	나	나	주춤서기	왼발 표적차고 내디뎌	팔굽 표적치기
24	나	나	주춤서기	그대로	손날 옆막기
25	나	나	주춤서기	오른발 내디뎌	옆지르기 -기합-
바로	가	나	나란히서기	왼발 끌어	기본준비

태극8장

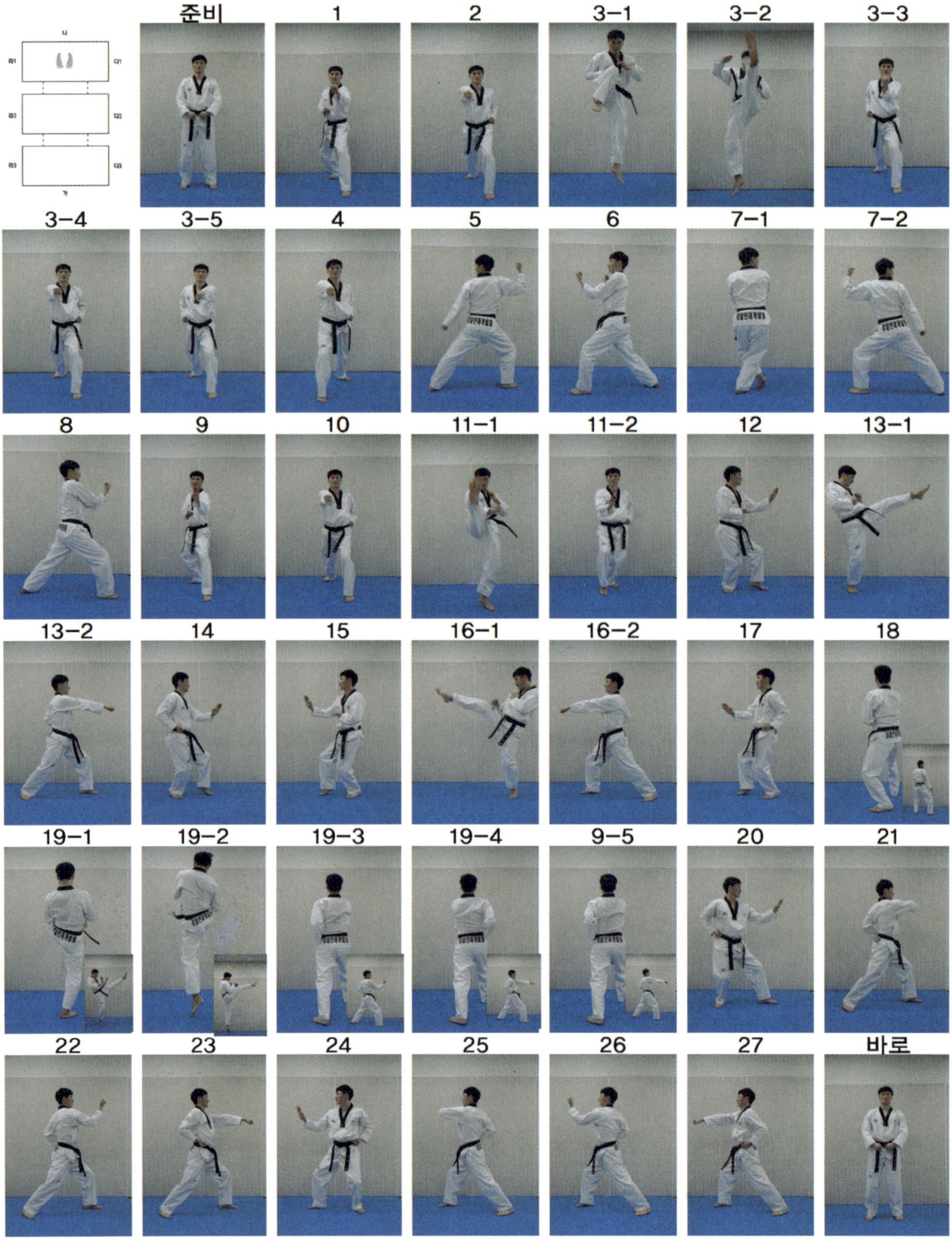
준비
1
2
3-1
3-2
3-3
3-4
3-5
4
5
6
7-1
7-2
8
9
10
11-1
11-2
12
13-1
13-2
14
15
16-1
16-2
17
18
19-1
19-2
19-3
19-4
9-5
20
21
22
23
24
25
26
27
바로

태극8장

태극 8장은 곤(坤)을 의미하며 곤은 음(陰)과 땅을 나타내고 뿌리와 안정 그리고 시작과 끝의 뜻을 지닌다. 유급자의 마지막 품새로서 연성이 끝나면 1장에서 8장까지 총연습 기간을 거쳐 국기원 승단 (품)심사에 나갈 수 있는 자격이 부여된다. 새로운 동작은 두발당성차기, 거들어 바깥막기, 외산틀막기, 턱 지르기, 거들어 내려막기, 뛰어 앞차기, 팔굽 돌려치기가 있다. 수련시 유의할 것은 발차고 뒤로 두 걸음 물러나는 보법동작의 정확성과 두발당성차기와 뛰어 앞차기 동작의 차이점 및 습득요령이다. 태권도 1급이 수련하는 품새이다.

순서	시선	위치	서기	동작	품명
준비	가	나	나란히서기		기본준비
1	가	가	오른 뒷굽이	왼발 내디뎌	거들어 바깥막기
2	가	가	왼 앞굽이	왼발 내디뎌	오른 지르기
3	가	가	왼 앞굽이	두 발 당성차고 -기합- 왼발 내딛고 왼 안막고	두 번 지르기
4	가	가	오른 앞굽이	오른발 내디뎌	왼 지르기
5	라3	라3	오른 앞굽이	오른쪽으로 왼발 왼 돌아디뎌	외산틀막기
6	라3	라3	왼 앞굽이	중심 바꿔	당겨지르기
7	다3	다3	왼 앞굽이	뒤로 왼발 앞꼬아서고 오른발 옆디며	외산틀막기
8	다3	다3	오른 앞굽이	중심 바꿔	당겨지르기
9	가	나	오른 뒷굽이	왼쪽으로 오른발 내디뎌	왼 손날 거들어 바깥막기
10	가	나	왼 앞굽이	왼발 내디뎌	오른 지르기
11	가	나	오른 범서기	오른발 앞차고 물러디고 왼발 물러디뎌	오른 바탕손 안막기
12	다2	다2	왼 범서기	왼쪽으로 왼발 내디뎌	왼 손날 거들어 바깥막기
13	다2	다2	왼 앞굽이	왼발 앞차고 내디뎌	오른 지르기
14	다2	다2	왼 범서기	왼발 물러디뎌	오른 바탕손 안막기
15	다2	라2	오른 범서기	오른쪽 뒤로 돌아	오른 손날 거들어 바깥막기
16	라2	라2	오른 앞굽이	오른발 앞차고 내디뎌	왼 지르기
17	라2	라2	오른 범서기	오른발 물러디뎌	오른 바탕손 안막기
18	나	나	왼 뒷굽이	오른쪽으로 오른발 물러디뎌	거들어 내려막기
19	나	나	오른 앞굽이	왼발 앞차고 오른발 뛰어 앞차고 -기합- 오른발 내디뎌	오른 안막기하고 두 번 지르기
20	다1	다1	오른 뒷굽이	오른쪽으로 왼발 왼 돌아디뎌	손날 바깥막기
21	다1	다1	왼 앞굽이	왼발 내디뎌	오른 팔굽 돌려치기
22	다1	다1	왼 앞굽이	그대로	오른 등주먹 앞치기
23	다1	다1	왼 앞굽이	그대로	왼 지르기
24	라1	라1	왼 뒷굽이	뒤로 오른발 끌어 오른 돌아디뎌	손날 바깥막기
25	라1	라1	오른 앞굽이	오른발 내디뎌	왼 팔굽 돌려치기
26	라1	라1	오른 앞굽이	그대로	왼 등주먹 앞치기
27	라1	라1	오른 앞굽이	그대로	오른 지르기
바로	가	나	나란히서기	왼발 끌어	기본준비

4 오래달리기(1.5km, 3km)

1) 과학적인 달리기 기술

(1) 웨이트 트레이닝(Weight training : 점증적 부하 연습법)

웨이트 트레이닝은 근력, 근지구력 등 기초체력의 양성을 목표로 하는 트레이닝으로서, 중량의 저항 부담에 견딜 수 있는 근육의 수축작용을 강화시키는 것이 필요하다. 따라서 손쉽게 할 수 있는 팔굽혀펴기, 윗몸일으키기 등은 일반화된 근력강화 저항운동의 보기이며, 바벨, 덤벨 등과 같은 무게에 의한 저항운동도 합리적인 운동방법이 된다. 이 운동은 최대반복횟수(일정한 부하로 등장성 운동을 하면서 더 이상 반복할 수 없을 때까지 반복하는 횟수)까지 실시하여야 하며 세트운동을 병행하여야 효과를 볼 수 있다.

주로 하는 운동의 종류에는 상완이두근와 수근굴근(손목을 굽히는 근육)등을 강화시켜 팔굽치 관절 및 손목의 굽히는 힘을 향상시키는 [암컬], 삼각근을 비롯한 어깨주변 근육과 상완삼두근을 강화시키는 [프레스], 삼각근, 극상근(어깨를 위로 올리는 근육)등 팔과 어깨를 들어 올리는 근육과 상완이두근을 강화시키는[업라이팅 노잉], 비복근을 비롯한 장단지 부위의 근육과 발목 뒷면의 근육을 강화시켜 발목의 부상을 예방하는 [뒷발꿈치 들기], 대퇴사두근을 비롯한 무릎 신전근과 척추 기립근을 강화시켜 허리와 무릎 부상을 예방하고 달리기 속도 향상에 효과적인 [하프 스쿼트], 대흉근과 균형잡힌 몸을 만드는 [벤치프레스] 등을 지속적으로 하여 주며 효과가 있다.

(2) 서킷 트레이닝 (Circuit training)

서킷 트레이닝은 전신적인 운동에 대한 적성, 즉 근육·순환·호흡기능의 강화를 목적으로 하는 연습방법이다. 따라서 웨이트 트레이닝과 마찬가지로 점증적 부하의 원칙을 적용하여 개인 능력을 기준으로 하여 단계적으로 운동량을 결정하며, 계속적 연습이 뒤따라야 한다. 이 운동은 목, 팔, 어깨, 등, 배, 허리, 다리 등 7개 부위에 걸친 운동을 자기에게 알맞게 선택해서 일련종목으로 묶어 3회를 순환반복한다. 이 때 여기에 총소요시간을 계측하여, 총 소요 시간의 70~80%에 해당하는 목표시간을 설정하여 실시하여야 한다.

특징은 ① 서킷이라는 낱말이 뜻하듯이 여러 가지의 체력 부하방식의 운동을 조합하여 하나의 세트로 하고, 이 세팅된 운동의 순회수행시간을 계측하면서 실행한다. 수행시간의 계측은 트레이닝 자체가 체력측정이 되고, 트레이닝의 흥미를 일깨워 준다. ② 세팅된 운동은 어느 운동부터 시작해도 괜찮으므로 순회의 방향이 지시되면 여러 사람이 동시에 하나의 세트에서 실시할 수 있다. ③ 운동부하는 개인의 체력에 맞는 것으로 하는데, 결정방법은 강도가 높은 운동은 최대횟수를, 비교적 높지 않은 운동은 1분 동안의 최대횟수의 각각 1/2로 한다.

(3) 인터벌트레이닝 (lnterval traing)

인터벌트레이닝은 강도 높은 운동을 한 뒤 충분히 쉬지 않는다는 점이 특징이다. 즉 운동 강도가 높아서 생긴 산소부채 상태를 안정시 상태로 회복되기 전에 다시 운동을 시작하는 것이다. 따라서 휴식기의 산소 섭취량이 운동시보다 오히려 더 높은 수준을 유지하기 때문에 휴식을 취하고 있더라도 운동을 하는 듯한 효과가 지속되는 것이며, 근육은 활동을 하지 않고 쉬고 있는 것이므로 이어지는 새로운 운동을 높은 강도로 시작할 수 있게 되는 것이다.

휴식시간은 대개 선수가 그 다음 훈련을 시작하기 전에 정상에 가까운 맥박수를 되찾는 데에 필요한 시간만큼 주어진다. 휴식 방법은 두 가지이다. 하나는 걷거나 조깅 등 가볍게 움직이면서 휴식을 취하는 동적인 휴식 방법이고, 다른 하나는 휴식을 하되 휴식시간이 불충분한 상태에서 다음 훈련으로 옮기는 방법이다. 유산소성 인터벌트레이닝에서 운동과 휴식의 비율은 보통 1대 1 또는 2대 1이다. 그리고 매 인터벌 운동 시간은 3~5분으로 하고 3~7회 반복하는 것을 원칙으로 한다.

운동 강도는 지속적으로 운동을 하면 할수록 산소부채능력이 점차적으로 향상되기 때문에 적어도 정상상태(steady state) 이상의 강도가 되어야 한다. 정상상태의 최고 수준을 나타내는 임계부하(臨界負荷)는 사람에 따라 다르므로 심박수, 반복횟수, 속도 등에 따라 보통 최대 능력의 70~85% 범위에서 운동 강도를 정한다. 과부하 방법으로는 운동 강도만을 증가시키는 방법, 휴식 시간을 줄이면서 운동 강도를 증가시키는 방법, 세트당 인터벌 횟수를 늘리는 방법 등이 고려되고 있다.

인터벌 트레이닝은 운동 후 계획적으로 휴식을 취한 후, 반복하여 운동을 계속하는 것으로, 산소부하능력과 산소섭취능력을 높이고 지구력을 기른 방법이므로, 중·장거리 선수들에게 필요하다. 달리기에서 200~250m의 운동거리를 스피드를 높여 달린 후 2~3분간 휴식을 취하는데, 반복횟수는 비교적 적게 5~6회로 한다. 또한, 지속하는 능력의 강화를 중심으로 하는 트레이닝은 스피드를 비교적 완주로 달리는 거리 300~400m, 휴식시간 3~5분, 반복횟수 8~10회로 한다.

이런 거리를 전력질주 하였을 때, 맥박이 1분간에 약 180회에 달하여야 효과를 얻을 수 있으며, 휴식은 120회로 내릴 때까지 걷거나 몸을 부드럽게 움직이며, 이런 것을 반복함으로써 호흡, 근육, 순환, 운동신경 등에 자극을 주어 기능이 강화되므로 스피드, 지구력을 증강하게 된다.

(4) 레피티션 트레이닝(Repetition training)

레피티션 트레이닝은 인터벌 트레이닝과 거의 비슷한 연습법으로, 민첩성, 지구력, 근력, 기술 등을 기를 수 있는데, 이 운동을 하면서 주의할 것은 선수 각자의 운동능력을 토대로 연습방법·시간·양 등을 결정하여야 한다는 것이다. 또한, 이 연습방법은 질적으로 상당히 높거나 과격한 운동을 한 뒤에 완전한 휴식으로 심신을 회복시킨 원상상태에서 상쾌한 기분으로 다음 운동을 계속하는 것으로, 스피드와 산소부채의 처리능력을 증강시켜 주는 것이 주요 목표이다.

레피티션 트레이닝은 반복훈련이라고도 한다. 최대 강도에 이르는 고강도의 운동을 반복적으로 실시하는 트레이닝으로 운동 중간에 불완전 휴식을 취하는 인터벌트레이닝과 달리 충분히 휴식한 뒤에 다시 운동을 되풀이하는 형태이다. 산소부채능력이나 스피드 향상, 근력의 조화 등을 훈련의 주목적으로 한다.

운동 부하 강도, 중간 휴식 시간, 단위 부하와 휴식의 반복 횟수 등에 따라 트레이닝을 처방한다. 운동 부하 강도는 항상 최고 부하로 한다. 최고 능력에서 운동을 반복하려면 앞서의 운동으로 생긴 피로가 완전히 회복될 때까지 휴식을 취해야 한다. 여기서 완전 회복이란 모든 피로를 없앤다는 뜻이 아니라 처음 상태와 같은 정도의 능력으로 다시 운동할 수 있을 만큼 피로를 회복한다는 뜻이다. 휴식 시간은 운동의 부하 강도에 따라 달라지지만 대체로 2~10분이 적당하다. 반복 횟수는 운동 성적이 저하되지 않는 한 계속 반복하는데, 일반적으로 한 종목에 5~10회가 한계이다.

기술 반복트레이닝, 단거리 반복트레이닝, 중거리 반복트레이닝으로 구분된다. 기술 반복트레이닝은 스포츠에 필요한 특정 기술을 습득하거나 숙달하도록 같은 동작을 되풀이하여 연습하는 트레이닝을 말한다. 이 경우에는 집중력을 잃지 않도록 실시하는 것이 중요하다. 단거리 반복트레이닝은 짧은 거리를 최대의 스피드로 반복해서 달리는 트레이닝으로 스피드 향상이 주된 목적이다. 주로 경영(競泳)에서 50m, 200m 정도의 거리를 전력으로 헤엄친 다음 충분한 휴식을 취하고 또다시 반복하여 헤엄치는 식의 연습 방법이 여기에 속한다. 중거리 반복트레이닝은 400~1,000m의 중거리를 최대능력의 90% 이상으로 반복해서 달림으로써 항정상태에 이르게 하여 산소부채능력을 향상시키고자 하는 트레이닝이다. 체력향상이 목적인 단거리 및 중거리 반복 트레이닝의 경우, 휴식기의 초기에는 완전히 정지하는 것이 아니라 가볍게 움직임으로써 축적된 젖산을 빠르게 제거하는 방법이 도입되고 있다.

(5) 컴바인드 트레이닝 (Combined training)

컴바인드 트레이닝은 여러 스포츠 활동의 동작을 하나로 묶어 일련의 운동 프로그램에 따라 종합적인 체력양성을 목적으로 한 복합 연습법이다. 따라서 중·장거리 연습에 있어서 종전에는 인터벌 트레이닝이나 레피티션 트레이닝 등이 사용되어 왔으나, 보다 효과적인 연습법으로 근래에는 이 연습방법이 채택되어 근력·순발력·지구력· 등을 비롯하여 민첩성, 평형성, 교치성, 유연성 등 운동활동을 위한 기본체력의 전 요소에 걸친 종합적인 체력 향상에 도움을 주고 있다.

(6) 오버 디스턴스 트레이닝

중·장거리훈련에 쓰이는 방법의 하나로, 실제로 달리는 거리보다 더 긴 거리를 천천히 달리는 방법, 천천히 달린다고는 하지만 때때로 빠르게 달리든가, 또

마지막에는 힘차게 빨리 달려 보든가 하는 등 여러 가지 방법을 써서 효과를 올리는 데 그 목적이 있다. 이 운동 방법은 초보자들이 달리는 연습을 하기 어려울 때에 쓰이는데, 이 경우 속도보다는 달리는 폼에 주의하면서 천천히 달리는 것을 익히는 것이 중요하다. 예를 들어 1000m 선수라면 2000m 이상을 반복 연습하여야 한다.

(7) 후아루 트랙 트레이닝

중·장기 훈련방법 중에 하나이며 교외의 야산이나 임야, 호반 등 자연지형을 이용하여 행하는 것이다. 자연의 아름다움에 싸여서 가벼운 기분으로 달리게 하면, 그 사이에 더욱 강하게 달리고 싶은 욕망을 가지게 되고, 따라서 트레이닝 효과도 향상되는 심리적 작용을 이용한 일종의 서킷 트레이닝의 한 방법이라고 할 수 있다.

스피드 트레이닝이나 근력 트레이닝, 그리고 지구력 트레이닝 중 어느 하나를 중점적으로 해 나가는 것이 좋은데, 이 연습법은 일주일에 하루만 하는 것이 바람직하다. 특히, 겨울철에는 거리 등을 고려하지 않고도 할 수 있다는 트레이닝 방법이다.

2) 1.5km 달리기 주법과 페이스

군 체력검정 선발에는 1.5km 측정을 하게 되어 있는데 시간내에 들어가지 못하면 불합격을 하게 된다. 갑자기 운동을 하더라도 금방 효과를 볼 수 없어 체계적인 운동계획을 수립하여 실시하여야 한다.

1.5km를 뛰기 위해서는 스피드와 지구력이 필요하다. 특별한 주법은 없지만 일정한 스피드로 완주하기 위해서는 가장 경제적인 주법이 고려되어야 한다. 즉 올바른 신체의 전경과 부드러운 스트라이드, 조화를 이룬 팔과 다리의 동작 등이다.

자연스러운 몸의 전경은 다리의 부담을 가볍게 하고, 몸의 추진을 쉽게 한다. 전경의 각도는 개인차가 있으므로 일률적으로 정할 수는 없겠으나, 일반적으로

10~15°가 적당하다. 다리의 동작도 극단적으로 허벅다리를 높이 올릴 필요는 없으나, 부드러운 스트라이드를 얻기 이해서는 적당히 끌어 올릴 필요가 있다.

주법으로는 상체의 전경은 10~15°로 하고 릴랙스한 편한 자세를 취하고 지면을 킥한 발이 떨어진 순간 무릎을 충분히 뻗어 몸 전체가 전경이 되어 있어야 한다.

질주 중에는 목이나 어깨에 힘을 주지 말고 머리를 바르게 유지하며, 팔은 직각 또는 직각보다도 더 굽혀서 흔든다. 힘을 주고 흔드는 것이 아니라 리드미컬하고 자연스럽게 흔든다.

보폭이 리드미컬하고 다리의 진행도 유연하고 원활한 동작이 필요하다.

질주 중에 몸이 상하로 심하게 움직이면 그만큼 스피드가 줄게 된다. 원활하고도 자연스러운 상하의 움직임은 질주에서 당연히 일어나지만, 튀어 오르는 듯한 상하의 움직임은 불리하므로 킥하는 법, 보폭 조절, 무릎을 굽히는 법 등에 관하여 그 원인을 밝히고 교정에 두어야 한다.

페이스는 자신의 힘을 어떻게 배분할 것인가 하는 것은 아주 중요하다. 다른 경쟁자들을 너무 의식하지 말고 자신의 페이스를 유지하도록 힘써야 한다. 특별한 경우를 제외하고는 평균적 속도를 유지하고, 속도를 올리기 보다는 서서히 가속하도록 한다. 뒤따라갈 경우 상대를 일정거리를 두고 근접하다가 마지막 200m 구간에서 스퍼트 할 필요가 있다. 이 경우 순위가 목적이 아니라 시간단축이 목적이 되어야 하므로 선의의 경쟁으로 좋은 결과가 서로 나올 수 있도록 하여야 한다.

3) 3km 달리기 주법과 페이스

2010년부터 군 체력단련측정 중 1.5km 달리기가 3km 달리기로 연장되었다. 따라서 중거리 달리기였던 과거의 주법과는 다르게 연습해야할 필요성이 대두되었다. 가급적 많은 산소를 에너지로 전환시켜 달리는 능력이 필요하다. 산소는 폐로부터 혈액속의 헤모글로빈에 섭취되어 온몸으로 옮겨지는데, 3km달리기는 소비하는 에너지가 적을수록 신체적인 효율이 좋으므로, 뛰는 사람의 체중이 가벼운 것이 유리하다고 볼 수 있다. 또한 호흡, 순환기능이 좋고 혈액 속의 헤모글로빈 양이 많으며, 형태적으로는 체중이 비교적 가볍고 근지구력이 우수해야 한다고 할 수 있다.

주법에 있어 달리는 자세가 나쁘면 그만큼 체력이 소모되거나 스피드가 줄게 된다. 따라서 좋은 폼을 유지하도록 주법에 유의하여야 한다. 즉 1.5km달리기 할 때 보다 보폭을 좁게 하고 피치를 빠르게 하여 비교적 피로를 적게 하며, 스피드를 얻는 주법이 쓰인다.

질주시에는 다리를 높이 끌어올릴 필요 없이 편하게 스트라이드를 얻는 정도로 자연스럽게 든다. 자연스럽게 무릎을 굽혀 착지하여 지면에는 받는 충격을 적게 하는 동시에 몸의 무게 중심이 부드럽게 옮겨지도록 해야 한다. 따라서 발목을 부드럽게 하여 발끝으로 착지하고, 뒤꿈치가 지면에 가깝게 닿을 정도로 하는 것이 이상적이다. 뒷다리의 킥은 추진력의 원동력이 되지만 급격한 킥은 좋지 않다. 또한, 킥을 한 뒷다리의 운행도 크게 차올리는 것이 아니라 자연스럽게 올려 전방으로 운행하는 것이다.

팔꿈치는 직각 정도로 굽히고, 허리 옆에서 앞뒤로 흔든다. 신체적으로 고통스러워지면 얼굴을 쳐들게 되기 쉬우나 가능한 한 쳐들지 않는 것이 좋으며, 팔 흔들기가 힘들어지면 일단 아래로 펴서 긴장을 푼 다음 다시 굽히고 달린다.

호흡법은 피로와 크게 관계되므로 입과 코로 충분히 하되 피치에 맞추어 될 수 있는 대로 흐트러지지 않도록 습관을 가지는 것이 바람직하고, 피로가 커지면 피치에 구애됨이 없이 충분히 하는 것이 좋다. 호흡은 크게 코와 가슴을 이용하여 가볍게 호흡하는 방법과 코와 가슴, 배가 모두 동원되어 호흡하는 방법이 있다. 대부분의 사람들은 달리면서 호흡해야 하기 때문에 코와 가슴을 이용하여 호흡하는 것이 좋다고 생각한다. 따라서 숨을 쉴 때는 코, 가슴과 배까지 신선한 공기를 가득 채운다는 느낌으로 깊게 들이마시고 내쉴 때는 짧게 내뱉는 복식호흡을 하는 것이 좋다. 호흡속도는 두 스텝에 들이쉬고 두 스텝에 내쉬는 것이 적당하다.

페이스는 속도의 균형을 유지하는 것이 중요하다. 유의할 점은 전반에 전력질주를 자제하여야 한다는 것이다. 특히 개인의 체력과 주력에 따라 매우 큰 차이가 날 수 밖에 없는 것이 군인들의 특성인 만큼 부단한 개인 노력여하에 따라 시간단축여부가 결정된다.

4) 달리기 3단계 훈련 방법

(1) 장거리 훈련

유산소 지구력을 향상시키기 위한 훈련으로 달리기 거리에 비례한다. 향상효과는 일주당 달리기 거리가 20km 이상 정도로 증가할 때까지는 계속된다. 이러한 사실은 주당 달리기 거리가 충분한 수준까지 도달하기 전에는 성급하게 달리기 속도를 증가시키는 훈련을 할 필요가 없다는 것을 의미한다.

이 훈련은 심장의 크기와 수축 능력을 향상시키며, 동시에 근육에 대한 산소와 영양소의 공급은 물론 노폐물의 원활한 제거에 도움이 되는 근 모세혈관의 수를 증가시키는 등 호흡·순환계의 기능을 향상시킨다. 그리고 근육내에서 산소를 운반하는 미오글로빈의 함량, 근육의 에너지 공장인 미토콘드리아의 수와 크기, 근육의 대사 연료인 근 글리코겐 함량 등을 증가시킨다.

(2) 언덕 훈련 또는 스피드 훈련

달리기에 필요한 근력을 강화시켜 빨리 달리는 능력을 향상시키는 훈련으로서 무산소 지구력 훈련에 해당된다. 다리의 근육을 발달시켜 단거리속도가 빨라지면 장거리 달리기의 속도를 높여도 부담이 덜 느껴지기 때문에 이 훈련은 장거리 경기의 레이스 페이스를 높이는 훈련을 하기 전에 반드시를 하는 필요하다. 웨이트 트레이닝도 근력 훈련의 한 가지 방법이지만 장거리 달리기 군인에게는 언덕 달리기, 계단 오르기, 무산소 인터벌 달리기 등을 100~200m 정도 강하게 또는 빠르게 달리는 훈련이 더 효과적이다.

이 훈련은 달리기에 필요한 근육들을 전체적으로 강화시켜 강하고 빠르게 달리는 능력을 향상시킨다. 즉, 잘 사용되지 않은 b-형 속근섬유를 발달시키고 무산소 에너지 대사에 관여하는 효소를 활성화시켜 강력한 근력을 발휘할 수 있게 된다. 이러한 능력은 다음 단계에서 이루어질 레이스 페이스 향상 훈련에서 빠른 달리기에 의한 신체적인 부담과 충격을 견딜 수 있도록 해주고 효과적인 달리기 동작을 하는데 도움이 된다.

(3) 레이스 페이스 훈련

측정에 대비하여 측정 중에 유지할 수 있는 스피드를 최대한으로 증가시키기 위한 훈련이다. 이 훈련은 측정을 앞두고 기록 향상을 위해 측정 때와 비슷한 스피드로 달려야 하는 힘든 훈련이기 때문에 8주 정도 지속하게 되면 한계에 도달한다. 이 훈련은 측정 거리를 여러 구간으로 나누어 레이스 페이스보다 약간 빠르게 달리다가 천천히 달리면서 회복을 하는 방법을 반복함으로써 유산소 지구력의 한계를 조금씩 개선시키는 것이다.

5 웨이트 트레이닝

웨이트 트레이닝이란 자기 체중을 이용하여 하는 운동을 비롯하여 익스팬더, 아령, 바벨 또는 모래주머니처럼 간단하게 만들 수 있는 중량물 등 스프링이나 중량으로 저항 부하(負荷)를 걸어서 하는 훈련 방법을 가리킨다.

이 방법은 미국 및 유럽에서는 오래 전부터 보디빌딩이나 역도 경기 방면에서 알려져 왔다. 최근에는 육상경기, 수영, 미식축구 등 기초체력을 중요시하는 각종 스포츠의 경기 성적에까지 영향을 주는 것으로 판명되어 운동선수들의 근력, 지구력 강화를 위한 훈련 프로그램에 쓰인다. 또한 일반인의 체력 단련이나 건강 유지를 위한 운동 및 신체장애인의 재활운동에 이 트레이닝의 원리가 활용된다.

근수축의 형태에 따라 동적 웨이트트레이닝, 정적 웨이트트레이닝, 등속성 웨이트트레이닝으로 구분된다. 동적 웨이트트레이닝은 구심성과 원심성 수축형태를 동시에 포함하고 있는 방법으로 다양한 무게의 바벨을 들어 올리거나 유니버설 짐, 노틸러스 등으로 근육에 부하를 가하는 대표적인 웨이트트레이닝이다.

정적 웨이트트레이닝은 근육의 등척성 수축을 유도하는 훈련 방법이다. 특별한 장비 없이 언제 어디서나 훈련이 가능하며, 근력 손실이나 근 위축을 막기 위한 재활 프로그램에 활용된다.

등속성 웨이트트레이닝은 근력·순발력·근지구력을 기르는 데 유용하며, 특히 부상 후 재활을 위한 트레이닝 방법으로 널리 쓰인다. 이 방법은 운동의 전 범위에 걸쳐 근육에 똑같은 저항이 부과되기 때문에 훈련 효과가 크고 동적 운동과 정적 운동의 약점을 보완할 수 있다. 주로 사이백스·올로트론·옴니트론 등의 기계를 사용한다.

웨이트트레이닝은 연습자의 근력 증강에 따라 저항부하의 강도도 계속 높여 간다는 점진적 과부하의 원칙에 따르는 것이 기본으로 되어 있다. 한 번에 너무 많이 증가시키거나 너무 자주 증가시키면 근골격계에 운동 상해를 가져오기 쉬우므로, 부하량을 적절히 증가시켜 근력이나 근지구력이 지속적으로 향상되도록 한다.

운동 순서는 큰 근육군에서 작은 근육군의 순서로 한다. 그 이유는 작은 근육군이 큰 근육군보다 더 빠르고 쉽게 피로해지기 때문이다. 또, 같은 근육군의 운동이 연속적으로 배열되지 않도록 하여 피로를 덜 느끼게 한다.

특정 스포츠의 경기력 향상을 위한 훈련 프로그램으로 작성할 경우에는 그 스포츠에서 역할이 큰 주요 근육군을 발달시킬 수 있는 운동 내용을 포함시켜, 훈련 효과와 전이도를 높인다. 그리고 일반적인 경우에는 각자의 직업이나 생활양식을 고려하여 일상생활 중에 쉽게 피로해질 수 있는 부위의 근육군과 기본적인 자세 유지에 중요한 역할을 하는 근육군의 운동을 프로그램 내용에 포함시키는 것이 효과적이다.

현재 군에서 팔굽혀 펴기와 윗몸일으키기를 체력검정에서 측정하고 있으며 평소 체력단련을 위해서도 상체근육과 중간 근육인 허리, 복부와 관련된 근육 발달에 힘써야 한다.

1) 식이요법

현재 우리 몸을 이루고 있는 모든 세포는 일 년 후면 없어진다. 즉 새로 태어난다는 뜻이다. 낡은 것은 사라지고, 새 것이 그 자리를 차지한다. 당신의 피부, 근육, 내장까지도 끊임없이 퇴화되고 또 다시 재생된다. 지금 이 순간에도 그 과정이 진행되고 있다. 나이를 먹는다고 해서 뚱뚱한 몸매, 허약한 근육, 쌓이는 피로 등을 당연하게 받아들이거나 자신을 포기하고 단념할 필요는 없다.

육체가 재생되기 위해서는 음식이 절대적으로 중요하다. 그렇지만 잘 느끼지 못하고 있으며 일상적으로 섭취하고 있는 음식이 자신들에게 어떤 작용을 하는

지 조차 모른다는 것이다. 그렇지만 요령을 터득하면 매우 간단하다.

운동은 불꽃이고 영양은 연료이다. 이 두가지가 없으면 연소 현상은 일어날 수 없다. 그렇기 때문에 운동을 열정적으로 시작하는 대로 곧 음식을 제대로 섭취해야 하는 것이다. 즉, 육체가 스스로 변신하기 위해 필요한 음식을 계속 공급해 주어야 한다.

(1) 단백질

닭가슴살, 칠면조 살코기, 대구, 연어, 참치, 고등어, 꽁치, 게, 새우, 장조림, 불고기, 소고기 스테이크, 두부, 순두부, 검은콩, 우유, 계란흰자, 저지방 흰치즈

닭고기는 껍질을 벗긴 가슴살만 사용해야 하며 생선과 갑각류는 좋은 단백질을 가지고 있다. 붉은 고기도 지방을 제거하고 섭취하면 훌륭한 단백질이 될 수 있다.

(2) 탄수화물

구운감자, 고구마, 미숫가루, 도토리묵, 국수, 잡곡밥(현미,보리,수수,조), 밤, 옥수수, 오트밀, 떡, 율무, 당면, 딸기, 메론, 사과, 귤, 무지방요구르트, 밀가루

감자는 주먹만한 크기가 적당하고 고구마는 칼로리가 감자보다도 높지 않다. 사과, 오렌지, 복숭아, 바나나 등은 모두 탄수화물로 되어 있으며 영양소가 풍부하다.

(3) 야채

배추, 양배추, 김, 미역, 당근, 근대, 콩나물, 풋고추, 버섯, 시금치, 토마토, 완두콩, 호박, 브로콜리, 양상추, 셀러리, 무, 오이, 양파

단백질이나 탄수화물을 많이 함유하고 있지 않으면서 적어도 하루 두끼 식사

에 꼭 포함되어야 할 영양분 많고 건강에 좋은 식품은 시금치, 브로콜리, 토마토, 당근, 상추, 셀러리, 오이, 푸른콩, 호박, 배추, 버섯 등과 같은 야채들이다.

(4) 식단 샘플(주 단위 / 봄, 여름 기준, 체중감량 병행)

구분	월	화	수	목	금	토
아침	감자2개 저지방 우유1잔 딸기5개	바나나1 저지방 우유1잔 딸기5개	식빵2 계란1개 저지방 우유1잔 사과1/2	모닝빵2 계란1개 저지방 우유1잔 사과1/2	밥1/2 야채, 생선위주 반찬	모닝빵1 계란 후라이2개 저지방 우유1잔
간식	사과	삶은계란 2개	두유	두유	오이	토마토
중식	밥1/2 야채, 생선위주 반찬	밥1/2 야채, 생선위주 반찬	밥1/2 야채, 생선위주 반찬	밥1/2 야채, 생선위주 반찬	컵라면1 계란1개 요구르트	참치 샐러드 바나나1 요구르트
간식	삶은계란 2개	요구르트	사과 (당근)	사과 (당근)	두유	두유
석식	밥1/2 야채, 생선위주 반찬	밥1/2 야채, 생선위주 반찬	밥1/2 야채, 생선위주 반찬	밥1/2 야채, 생선위주 반찬	밥1/2 야채, 생선위주 반찬	밥1/2 야채, 생선위주 반찬
간식	토마토	오이	토마토	오이	토마토	오이

※ 지켜야 할 사항

① 일요일에는 술과 튀김류를 제외하고 양껏 먹되 먹기 전 토마토 1개(주먹만한 것 / 방울토마토 10개)를 먹을 것

② 밥은 지금 먹는 양에 1/2에서 1/3까지 덜어내고 먹을 것

③ 야채와 과일로 밥을 먹어야할 공간을 채울 것(요구르트는 저지방종류, 계란 노른자는 먹지 말것)

⑤ 탄산음료, 튀김류, 자장면류, 술은 절대 먹지말 것

⑥ 물은 오전 500㎖, 오후 1,000㎖, 저녁 500㎖를 섭취할 것(총량에만 신경 쓸 것)
⑥ 저녁식사는 매일 7시 이전에 꼭할 것. 그리고 30분에서 1시간 걸을 것
⑦ 월요일부터 토요일 까지 먹은 것을 기록할 것

2) 팔굽혀 펴기(상체운동)

팔굽혀펴기는 팔의 각도, 짚는 위치에 따라서 다양한 부위에 자극을 줄 수 있다. 또한 별다른 기구 없이도 할 수 있는 운동이기도 하다. 팔굽혀펴기는 흉근(가슴), 삼두근, 전면삼각근(어깨)의 세 가지 부위에 자극이 간다. 그래서 보통 상체운동으로 분류되지만 전신운동에 가깝다.

팔굽혀펴기의 바른 자세는 머리부터 발끝까지 일직선이 된 상태로 몸이 내려갔다 올라오는 것인데 이때 복부근처에 위치한 코어근육과 다리도 같이 힘을 쓴다. 특히, 복부-골반 주변에 위치한 코어 근육들이 자세를 유지하는 기능을 위해 작동하기 때문에, 방법에 따라서 팔굽혀펴기는 훌륭한 코어운동이 될 수 있다. 팔굽혀펴기가 힘들면 허리가 밑으로 처지는데 이것은 코어근육들이 단련이 되어있지 않기 때문이다. 이 상태에서 몸을 곧게 유지하려면 복부에 의식적으로 많은 힘을 줘야 한다.

팔굽혀펴기는 자기 몸을 가지고 하는 운동이기 때문에 근지구력운동으로 알려져 있다. 하지만 덤벨과 바벨을 가지고 했을 때에 해당되는 것이고 맨 몸으로도 충분한 근력운동이 될 수 있다. 자세와 각도를 바꾸는 것으로 팔에 더 큰 자극을 줄 수 있어서 집, 학교, 공원 등 다양한 장소에서 운동이 가능하다. 특히, 정규 수업시간에 반영되어 있다면 충분한 요일 간격을 두고 실시해야만 효과가 있다.

(1) 팔굽혀펴기

손을 어깨넓이보다 약간 더 벌리고 머리부터 발까지 일직선을 이룬 상태를 유지하며 팔을 굽혀 몸이 밑으로 내려가는 것이다. 발은 딱 붙이고 있어 위에서 내려다보면 전체적으로 몸이 T자를 이루게 된다.

팔꿈치가 90° 가량 굽혀지도록 내려간 후 그대로 다시 몸을 밀어 올린다. 몸이 내려갈 때 숨을 쉬고 팔을 밀어내 몸을 올릴 때 숨을 내뱉는다. 내려간 상태에

서 1~3초간 머물렀다 올라온다. 더 강한 자극을 원할 때는 한 번에 몸을 위로 튕겨내듯이 힘을 쓰는 방법도 있다.

만약 자세유지가 힘들다면 다리를 어깨넓이로 벌리고 하면 균형을 잡기가 한결 수월하다.

(2) 여학생 팔굽혀펴기

무릎을 꿇고 팔굽혀 펴기를 실시한다. 요령은 팔굽혀 펴기와 같다. 머리부터 무릎까지 자세가 무너지지 않도록 주의한다. 일부 고개를 너무 숙여서 몸이 내려갈 때 머리를 바닥에 박는 것과 같은 형태의 팔굽혀펴기를 하는 경우가 있는데, 잘못된 자세이므로 수정하여야 한다.

어깨, 팔 근육이 남자들과 차이가 있고 코어근육이 약한 여학생들에게 남학생들과 똑같이 지도하면 흥미를 잃기 쉽다. 따라서 보충운동을 통해 극복할 수 있도록 해주어야 한다. 먼저 2인 1조가 되어 발을 잡아주고 손바닥으로 이동하도로 하여 주면 상체와 코어 근육발전을 기대할 수 있다. 또한 벽대고 물구나무서기를 하도록 하여 어깨, 팔 근육이 발달되도록 하여야 한다. 이후에 팔굽혀펴기를 하면 더욱 효과를 볼 수 있다.

(3) 다리올리고 팔굽혀펴기

다리를 의자높이만큼 올리면 상체로 무게중심이 쏠리게 된다. 이때 팔, 가슴, 어깨에 가해지는 부하가 커진다. 그리고 가슴의 경우 자극점이 위쪽으로 약간 올라간다. 다리를 높게 올릴수록 부하가 커지면서 자극점이 올라가는데 물구나무를 서는 경우는 자극점이 가슴에서 어깨로 완전히 옮겨간다.

(4) 한쪽 다리올리고 팔굽혀펴기

한쪽 다리를 들고 팔굽혀펴기를 하면 몸이 많이 흔들린다. 균형을 유지하기 위해서 다리, 코어근육들이 더욱 많은 일을 해야 한다. 다리 들고 팔굽혀펴기를 더 어렵게 하려면 한쪽 다리를 완전히 공중으로 치켜 올린 후 몸이 내려올 때 다리를 올리고, 몸이 올라올 때 다리를 내린다. 몸을 지탱하는 한 쪽 다리와 골반-복부 주변의 코어 근육들이 활발하게 운동된다.

(5) 기타 팔굽혀펴기 강화운동

삼두근을 발달시키기 위해서는 양손의 간격을 좁히면 삼두근에 가해지는 자극이 커진다. 손을 거의 겹치거나 닿게 하는 경우 삼두근이 더욱 많은 일을 하게 된다. 이 경우 팔을 굽혔다가 일어날 때 필요한 근육이므로 팔굽혀펴기 향상을 기대할 수 있다.

가슴 근육을 발달시키기 위해서는 팔을 넓게 벌리고 팔굽혀펴기를 하면 가슴이 대부분의 부하를 담당한다. 다만 너무 넓게 벌리면 위 아래로 몸을 움직이는 거리가 너무 짧아져 거의 운동이 되지 않거나 어깨가 너무 젖혀져 어깨부상의 위험이 있다.

팔굽혀펴기를 할 때 내려가면서 고개를 좌우방향 중 한쪽으로 튼다. 고개를 트는 반대방향으로 몸이 비스듬히 내려갔다 올라온다. 양 팔이 동등하게 부하를 감당하는 것이 아니라 한쪽 팔에 체중이 쏠려 더 큰 효과를 누릴 수 있다.

(6) 기구를 이용한 강화운동

운 동 부 위	운동 유형(Ⅰ)	운동 유형(Ⅱ)
가 슴	덤벨 벤치 프레스 인클라인 덤벨 프레스	덤벨 플라이 바벨 벤치 프레스
어 깨	시티드 덤벨 프레스 스탠딩 바벨 프레스	사이드 레이즈 벤트 오버 레이즈
등	와이드 그립 풀다운 원 암 덤벨 로우	리버스 그립 풀다운 덤벨 풀오버
삼두근	덤벨 익스텐션 클로스 그립 푸시다운	벤치 딥 라잉 덤벨 익스텐션
이두근	인클라인 덤벨 컬 시티드 덤벨 컬	스탠딩 바벨 컬 해머 컬

3) 윗몸일으키기

복부근육은 겉에 있는 복직근, 복부 깊숙이 위치해 있는 복횡근, 측면에 자리 잡고 있는 외복사근, 복부의 내부 측면에 자리 잡고 있는 내복사근으로 구성되어 있으며, 복부 근육의 반대쪽에는 척추 기립근이 위치하고 있다. 즉, 몸통을 지지하고 구부리고 돌리고 펴는 동작을 수행하는 근육이며 크게 윗 복부 부위, 아랫 복부 부위, 측복부 부위로 나뉜다.

흔히 복부비만인 사람들이 뱃살을 빼기 위해 윗몸 일으키기를 하는 경우가 많으나, 윗몸 일으키기와 달리기나 수영 같은 유산소 운동을 병행해야 효과적으로 뱃살을 뺄 수 있다. 즉, 윗몸 일으키기를 하면 뱃살이 빠지기는 하나 유산소운동을 병행하지 않으면 뱃살이 빠지지 않고 그 살이 고스란히 근육으로 바뀌어 배에 근육은 생기지만 살은 빠지지 않는 경우가 생긴다. 따라서 유산소 운동뒤에 하는 것이 더욱 효과적이다.

복부운동을 할 때에는 빠른 속도로 동작을 하게 되면 복근에 수축되는 것이 아니라 허리에 부담을 주게 된다. 각 동작을 할 때 근육이 최대한 수축되는 지점에서 동작을 잠시 멈춰야 된다는 것이다.

동작을 할 때 머리나 턱을 들어 올리지 않아야 한다. 머리나 목을 끌어 당기게 되면 목뼈에 부담을 주어 운동을 지속할 수 없게 된다. 이때 수건을 이용하여 일어나면 목에 오는 부담을 줄일 수 있다.

운동시 복직근, 복횡근, 외복사근, 내복사근의 4가지 근육중 2가지 이상 동작을 해야 균형적인 복부 근육을 만들 수 있다.

(1) 레그레이즈

하복부를 단련하는 가장 기본적인 운동이며 리버스 크런치라고 부른다. 실시하는 방법으로는 바닥이나 벤치에 누워서 양손으로 바닥을 짚거나 벤치를 잡아 균형을 잡는다. 두 다리를 천천히 위로 들어 올리고 다시 원래 위치로 돌아오는데 바닥에서 50cm정도 떨어져야 한다. 이때 다리를 편 채로 하면 허리에 무리가 올 수 있으므로 무릎을 약간 굽혀준다. 허리근육이 충분히 강화되었다고 생각하고 운동강도를 높이려면 다리를 펴면 된다.

(2) 사이드 크런치

옆구리를 단련시켜주는 운동으로 동작이 다소 어렵기 때문에 반드시 올바른 자세를 취해야 한다. 실시하는 방법으로는 바닥에 옆으로 누워 한손은 머리뒤, 한손은 옆구리에 갖다 댄다. 하체를 고정시키면서 상체만 천천히 들어 올린다. 정점에서 수축하면 잠깐 멈춘다. 천천히 상체를 내려 원래 위치로 돌아온다. 이때 등의 반동을 사용해서는 안되며 복근만 이용해야 한다.

(3) 벤치 니 레이즈

하복부를 단련하는 방법으로 벤치 끝부분에 앉아서 손을 뒤로 보내서 벤치를 잡는다. 무릎을 굽히면서 천천히 가슴쪽으로 끌어당긴다. 천천히 다리를 펴면서 시작위치로 돌아온다. 상체를 움직이면 안되고 복근의 힘만 이용하여야 하며 반동을 이용하면 안된다.

(4) 덤벨 사이드 밴드

옆구리 단련과 스트레칭에 좋은 운동이며 한손은 덤벨을 잡고 한손은 귀부분에 갖다 대거나 옆구리에 둔다. 덤벨을 들고 있는 쪽으로 상체를 구부리면서 잠시 멈추고 원래 위치로 돌아온다. 이때 덤벨이 무게를 가볍게 해서 자세를 정확히 하는 것이 중요하며 1세트는 15회 정도로 해준다.

(5) 크런치

상복부 단련을 위한 운동이며, 윗몸일으키기와 비슷해 보이지만 활용근육이 다르다. 몸을 완전히 일으키지 말고, 복근을 쓰면서 상체를 복근쪽으로 끌어 준다. 실시하는 방법으로는 바닥에 누워 다리를 90° 각도로 굽히거나 벤치 위에 올린다. 손은 가슴에 모으거나 머리쪽에 둔다. 천천히 복부의 힘만으로 상체를 들어올린다.(30°) 정점 수축시 잠시 멈추고 천천히 시작자세로 돌아간다. 이때 엉덩이를 들거나 허리힘을 쓰지 않도록 해야 한다.

제3장

군대운동경기

1. 집단축구
2. 족구
3. 농구
4. 테니스
5. 격구
6. 참호격투

제3장 군대운동경기

1 집단축구

넓은 지역에서 분·소대 또는 중대병력이 동시에 참가하여 집단축구를 실시함으로써 부대원의 순발력과 지구력을 배양하며 아울러 협동과 단결심을 배양시키는데 있다.

1) 경기 요령

- 점수 기록수 2명과 공 1개에 심판 1명을 둔다.
- 축구장을 사용하고, 공은 10명당 1개의 비율로 사용한다.
- 경기 방식은 축구와 같으며 업사이드는 없고 많은 인원이 참가할 수 있다.
- 경기전에 각팀은 양쪽라인에 정렬하고 중앙선에 공 2~3개를 적당한 간격에 두고 심판의 호각 신호에 따라 양쪽 선수들의 함성과 함께 공을 차지하기 위해 질주하며 시작된다.
- 경기시간은 전후반 30분씩, 휴식은 10분간 한다.

2 족구

군대 족구는 장소와 장비의 구애를 적게 받고 할 수 있는 대표적인 구기운동이다. 2명도 가능하며 네트 또는 선을 그어놓고 실시하기도 한다. 주로 점심시간이나 전투체육, 일과이후 자투리 시간을 이용하여 운동하는 경우가 많다.

1) 기본원칙

(1) 3바운드, 3터치 랠리 원칙

족구 경기는 4인이 한팀을 이루어 3바운드, 3터치 내에서 최종 터치한 공을 네트를 통하여 상대 진영 라인안으로 넘겨야 하는 경기다. 이때 터치없이 연속으로 바운드할 수 없고, 1인이 연속으로 2회 이상 터치할 수 없는 랠리포인트 경기이다.

2) 족구규칙

경기장은 라인으로 부터 최소 5m, 최대10m 이내를 말하며 경기장의 구성요소는 평면, 라인, 네트, 안테나, 지주, 공 등이다.

- 서브정의 : 시작 휘슬 후 공이 손에서 이탈하고 차는 순간까지
- 서브원칙 : 노 바운드 서브(군에서 바운드도 가능)
- 진행방식 : 서브는 1셋트에서 한 팀이 3셋트에서도 실시
- 서브순서 : 팀 자율
- 서브넷터치 : 인플레이
- 시작휘슬후 바운드 : 허용
- 시작휘슬후 공이동 : 서버의 손에서 손으로 이동은 허용
- 시작휘슬후 공이동 : 서버가 공을 팀내 다른 선수에게 넘기거나 터치한 경우 실점
- 시작휘슬전 서브 : 실점이면 인정, 인플레이면 노카운트, 1번 주의 모든 팀원 2회부터 실점
- 서브지연(5초) : 1회주의 모든 팀원 2회부터 실점
- 제한구역 : 착지한 신체가 라인에 닿거나 벗어날 때 실점
- 서브2득점 : 상대팀 유효터치 없을시 인정, 단 우천상황일 경우 1득점

(1) 네트

안테나 내측에서 내측까지만 네트이며 관련 규칙은 이 부분에만 적용

- 안테나 외측 : 안테나 외측부터 지지대는 네트가 아니라 타 물체.
- 네트플레이 : 네트에서 발생하는 모든 상황은 인플레이
- 네트상단공 : 바운드후 네트상단의공은 공격측에 공점유 우선권(수비측 터치시 실점), 터치후 네트상단의 공은 양측에 공동점유권
- 넷터치 : 신체 및 신체에 어떠한 부착물이라도 네트에 닿으면 실점 이탈한 부착물이 넷터치시 무관, 단 상대 행위에 방해시 실점
- 오버넷 : 신체 및 신체에 어떠한 부착물이라도 네트를 넘으면 실점
- 안테나 : 안테나에 신체나 공이 텃치 시 실점
- 중앙선 : 중앙선은 득실과 무관

(2) 기타규칙

- 셋트종료 코트교체후 3분이내 휴식 가능
- 주심이 내린 최종판정(합의판정)은 번복 불가
- 코트 밖에서 바운드와 신체가 동시 접촉시 어드벤테지를 적용 공격팀의 득점
- 행위를 실시한 볼이 허공에서 타 물체에 닿았을 경우 직전에 행위를 한 팀 실점
- 선수포지션 : 공격, 수비의 포지션은 자유
- 홀딩 : 볼이 신체에 머물러 있을 경우 텃치 형태가 아닌 들어올리거나, 누르거나, 붙어있거나 했을 경우 실점
- 직접공격 : 상대팀의 유효텃치 없이 데드볼시 인정, 단 우천상황 1점

※ 수비하려다 직접넘겨 득점한 경우 1점
  허용부위 : 신체부의 무릎미만, 목부분 이상의 두골

※ 머리카락은 무시하며(머리카락도 터치로 인정하면 머리로 헤딩시 드리볼이 되기 때문)

- 무릎관절(슬개골) 미만, 종아리 부분의 근육에 맞아 볼이 멈춤현상이 있을 경우는 홀딩, 긴 바지를 입었을 경우도 바지에 닿으면 홀딩
- 오버네트, 드리볼, 홀딩 등은 주심의 고유권한이므로 어필의 대상이 되지

않는다.

- 허공에 흐르는 공은 플레이 중에 있으므로 지면이나 타 물체에 닿기전까지는 인플레이
- 아웃 : 코트밖에 바운딩 되거나 타 물체에 닿았을 때, 안테나 외측으로 상대편 코트에 닿았을 때 실점이다 . 인과 아웃의 기준은 공과 라인의 접촉임
- 가로막기는 상대공격에 대한 역공격으로 보는 견해가 많으므로 가로막기 성공시는 직접공격성공으로 2득점을 부여하는 것이 다수설이다.
- 점수산정 : 최종 15점, 듀스시 상한 19점, 2득점시 점수산정 13:14에서 14점팀이 2득점했을 경우 최종점수는 13:15, 듀스로 18:18에서 2득점했을 경우 19:18

3 농구

군대 농구는 1인 또는 여럿이 할 수 있다. 스트레스 해소를 위해 좁은 장소에서도 가능하며 실내 체육관이 있으면 전천후로 할 수 있는 장점이 있다.

1) 일반 경기장, 용구

(1) 코 트

코트는 바닥이 단단한 직4각형이어야 하며, 올림픽경기와 세계선수권대회의 규격은 경계선의 안쪽부터 측정하여 길이 28m, 너비 15m이어야 한다. FIBA가 승인한 기타 지역대회와 국내대회에서는 길이 4m, 너비 2m의 비율로 줄일 수 있다. 코트 천정의 높이는 7m 이상이 되어야 한다. 조명은 코트 표면을 충분히 밝힐 수 있어야 하며, 선수가 플레이할 때 시야에 방해되지 않도록 설치해야 한다.

(2) 볼

볼의 표면은 어두운 오렌지색이며 구형이어야 한다. 볼은 공기를 넣고 그 외

피는 가죽이나 고무 또는 합성재료이어야 하며, 둘레는 0.745-0.780cm 이고 무게는 567-650g이어야 한다. 그 압력은 1.80m 되는 높이에서 경기장 플로어에 떨어뜨려 1.20-1.40m의 높이까지 튀어 오르도록 해야 한다. 볼의 이은 홈의 폭은 0.635cm이상 초과해서는 안된다.

2) 일반농구 규칙

(1) 퍼스널 파울

파울은 상대방과 같이 일어난 신체접촉이나 또는 운동경기 정신에 위배되는 행위로 규칙을 위반하는 것이다. 파울을 범한 사람에 대해서는 기록을 하고, 규칙에 정해진 바에 따라 벌칙이 부과된다.

- 블러킹 : 상대방 선수의 진로를 방해하려다가 일어나는 신체 접촉
- 차징 : 볼의 소유에 관계없이 상대방이 몸통 속으로 밀고 들어가는 신체 접촉
- 핸드체킹 : 수비선수가 공격선수를 수비하고 있는 상태에서 상대방의 진로를 방해하려고 하든가 또는 상대방 선수에게 손으로 접촉을 일으키는 것이다.
- 홀딩 : 상대방 선수의 행동을 손으로 방해하는 신체 접촉
- 푸싱 : 상대방 선수를 강제로 밀어내거나 밀어내려 할 때 일어나는 신체 접촉
- 스크린 : 볼을 가지고 있지 않은 상대방 선수가 가려는 곳으로 가지 못하게 하는 행위

(2) 테크니컬 파울

선수가 심판의 경고를 무시하고 다음과 같은 행위를 했을때

- 불손한 태도로 심판에게 질문 또는 항의하거나 손가락질하는 경우
- 심판에게 모욕적인 언사나 제스추어를 쓰거나 또는 덤벼드는 것
- 상대방을 괴롭히거나 눈 가까이 손을 흔들어 시야를 가리는 것

- 인 플레이 시키는 것을 방해하여 경기를 지연시키는 것
- 자기에게 파울이 선언되었을 때, 손을 들지 않는것
- 기록원이나 심판에게 보고하지 않고 번호를 바꾸거나 교대를 하는것
- 링을 잡는 행위(단 고의적이 아닐때에는 경고만으로 그친다)

① 인텐셔널 파울

고의적인 파울이란 선수가 정도에 지나치는 퍼스널 파울을 범하는 것을 말한다. 선수가 볼을 무시하고 볼을 다루는 선수에게 신체적 접촉을 일으킬 때를 말한다. 언스포츠맨쉽 파울이라고도 한다.

② 더블 파울

더블 파울이란 거의 같은 시간에 양팀의 선수가 서로 파울을 범하는 것을 가리킨다. 이때에는 각각 1개씩의 퍼스널 파울을 주며 파울과 관계된 2명에게 점프볼을 선언한다.

(3) 바이얼레이션(파울 이외의 규칙)

- 워킹 : 공을 잡은 선수가 공을 들고 3스텝 이상 걷는 행위
- 더블드리볼 : 공을 잡은 선수가 한 번 드리블을 한 후 공을 잡고 다시 공을 드리블하는 행위
- 3초 룰 : 선수는 자기팀이 볼을 다루고 있는 동안에는 상대팀의 제한구역 안에 계속해서 3초이상 머물러 있을 수 없다.
- 5초 룰 : 상대방에게 접근 또는 밀접방어를 당한 선수가 5초동안 패스, 슛 등을 하지 못하고 5초동안 볼을 잡고 있으면 바이얼레이션이 된다.
- 10초 룰 : 백 코트 안에서 볼을 잡은 팀은 10초 이내에 그 볼을 프론트 코트로 넘겨야 한다.
- 30초 룰 : 코트 안에서 볼을 잡은 팀은 30초 이내에 슛을 해야 한다.
- 백코트 바이얼레이션 : 프론트 코트에서 볼을 다루고 있는 팀은 백 코트로 볼을 이동해서는 안된다. 즉 공이 하프라인을 넘어가게 되면 다시 백코트로 돌아올 수 없다.

3) 군대농구(집단농구)

분대, 소대 또는 중대 규모의 인원이 좁은 공간 또는 개활지 등에서 2~4개 팀으로 나누어 각팀 주장에게 공을 전달케 하여 득점을 올리는 경기로서 지휘관(자)을 중심으로 하여 부대원의 응집력과 협동심을 배양하고 투지력과 심폐기능을 강화하는데 유익한 경기이다.

(1) 경기요령

- 경기장은 사이드라인 30~50m, 앤드라인 20~30m 범위내에서 소대나 중대의 인원에 따라 적당히 조절하여 만들고 각 팀은 공을 받을 주장이 설 위치를 적절히 정한 후 그곳에 원을 그리고 올라설 수 있는 통을 놓는다.
- 경기시간은 전 · 후반 각각 20분씩, 휴식은 10분간으로 한다. 공은 축구공, 럭비공, 농구공, 배구공 등 어떤 것이나 혼용할 수 있으며, 중대일 경우는 공 3개, 분 · 소대일 경우는 공 1~2개를 동시에 사용한다.
- 경기장 중앙에서 대표들이 점프로 시작하면, 각팀 주장(분대장, 소대장, 중대장)은 각자 통위에 올라서고 각 팀원은 자기편은 주자에게 공을 던져 받으면 득점한다.
- 경기는 격구에서처럼 손, 발, 등 몸 전체를 사용할 수 있다.
- 심판은 중대일 경우 3명, 분 · 소대일 경우 1~2명을 둔다.

(2) 경기규칙

- 득점은 1점으로 하고, 공을 받은 조장이 상대편에게 밀려 넘어지면 1점을 추가한다.
- 골인 판정시 판정관은 골인 수기를 올리며, 공은 판정관에 의해 중앙으로 보내져서 경기를 재개토록 한다.
- 경기도중 고의로 공을 경기장 밖으로 보내 경기시간을 지연시키거나, 심한 반칙으로 상대방을 차는 행위자는 퇴장시킨다.

4 테니스

테니스는 군 간부들이 체력단련 목적으로 많이 활용하고 있으며 제한적으로 병사들도 일부 할 수 있다. 테니스는 장소와 인원, 복장 등 제한적인 요소와 기상적인 부분도 함께 고려해야하는 운동이므로 꾸준하게 실시하는 것이 중요하다. 또한 기술적인 부분도 있어 레슨을 통하여 정확한 자세를 익혀야 부상을 방지할 수 있다.

1) 경기장, 용구

(1) 코트의 종류

- 클레이 코트 : 마사토, 황토, 모래를 혼합해서 만든 코트
- 론 코트 : 잔디로 만든 코트
- 케미칼 코트 : 특수화학재질, 인조잔디로 만든 코트
- 엔 토카스 코트 : 벽돌가루로 만든 코트
- 아스팔트, 콘크리트, 나무코트 등이 있다.

※ 네트의 중앙 높이는 3피트(0.914m)가 되도록 센터 스트랩으로 조정하고, 포스트는 양쪽 사이드라인 중아에서 3피트 외측에 3피트 6인치(10.9m) 높이로 설치한다.

(2) 용 구

- 라켓의 무게, 크기, 재료, 모양 등은 규정이 없다.
- 볼은 탄도가 정확하고 탄력이 좋으며, 무게가 알맞고 스피드가 있어야 하며, 수명이 길어야 좋은 볼이다. 볼의 압력은 2.54m 높이에서 콘크리트 바닥에 떨어뜨렸을 때 첫 바운드의 높이가 1.35~1.47m 되어야 한다.
- 복장은 가급적 백색 유니폼 착용하며 여자의 하의는 스커트, 규격화된 운동화를 착용하여야 한다.

2) 경기 규칙

(1) 렛(Let)

① 서브시의 렛

- 서브한 볼이 네트에 맞고 상대방의 정확한 서브코트에 바운드된 경우
- 서브한 볼이 네트에 맞고 상대방 코트에 바운드되기 전에 상대방의 몸, 라켓, 유니폼 등에 터치된 경우
- 상대방의 리시브 준비가 안되었을 때 서브를 넣은 경우
- 심판이 스코어의 콜을 하기 전에 서브를 넣은 경우
- 서브시 2개의 볼을 동시에 토스한 경우

② 인 플레이 중의 렛

- 볼이 터지거나 바람이 빠져서 물렁해 졌을 때
- 갑자기 날아든 새에 볼이 터치된 경우

(2) 폴트의 경우

- 라인을 밟거나 서브지역을 벗어나서 서브했을 때
- 서브시 토스한 볼을 헛 쳤을 때
- 토스가 잘못되어 다시 하려고 라켓으로 받거나 바닥에 떨어뜨렸을 때
- 서브한 볼이 자기 파트너의 라켓이나 몸, 유니폼에 터치된 경우
- 서브한 볼이 포스트에 맞고 상대방의 정확한 서브코트에 들어갔을 때

(3) 실점의 경우

- 아웃되는 볼이 몸이나 라켓, 유니폼에 터치된 경우
- 인 플레이중 네트 터치한 경우
- 라켓을 던져서 볼을 쳤을 때
- 오버 네트를 한 경우(볼을 친 후에는 상관없음)
- 상대가 서브한 볼에 몸이나 라켓, 유니폼에 직접 맞은 경우

- 라켓에 볼이 두 번 터치된 경우
- 쳐 넘긴 볼이 포스트를 제외하고 심판대와 심판을 포함한 모든 고정건물에 터치된 경우
- 서브시 2개의 볼을 연속해서 폴프 했을 때
- 인 플레이 중 네트 위를 넘어 상대방 코트에 뛰어들었을 때
- 볼을 친 후 라켓이 상대방 코트로 넘어가서 상대방 플레이에 조금이라도 방해가 되었을 때(전혀 방해가 되지 않았으면 상관없음)
- 친 볼이 포스트와 네트의 끝 그리고 철선 사이로 넘어갔을 경우

(4) 유효한 경우

- 친 볼이 포스트나 네트에 맞고 상대코트에 들어간 경우
- 친 볼이 포스트와 네트의 끝 그리고 철선 사이로 넘어갔을 경우를 제외한 어떠한 코스로든 상대방 코트로 들어간 경우
- A가 친 볼이 스핀에 걸려 B의 코트에 바운드 후 스스로 다시 A의 코트로 넘어간 볼을 B가 달려가 정당하게 친 경우
- 순서가 틀린 서브의 경우 발견 즉시 수정시켜야 하며 발견 이전의 점수는 유효
- 순서가 틀린 리시브의 경우 게임중 발견하였으면 해당 게임이 끝날 때까지 바뀐대로 실시하고 다음 게임부터는 원래대로 실시한다. 발견이전의 점수는 유효하다.

※ 유의사항

복식경기시 세트중 리시브의 위치를 바꾸어서는 안된다. 1세트 첫 게임에서 A가 우측에서 A'가 좌측에서 리시브 했다면 1세트가 끝날 때까지 A는 우측에서 A'는 좌측에서만 리시브를 해야 한다.

(5) 코트의 교대

- 세트에 관계없이 항상 양팀의 게임 스코어의 합이 홀수일 때 코트를 교대한다.

- 타이 브레이크 게임에서는 양팀 점수의 합이 6의 배수(6. 12. 18···)일 때 한다.

(6) 타이 브레이크 경기

- 2포인트 차이로 7포인트를 선취한 선수(팀)가 승리한다.
- 게임 스코어가 6:6 또는 8:8 일 때 실시한다.
- 서브는 순서가 된 서버가 우측에서 1포인트의 서브를 실시하고 서브가 체인지되어 2포인트씩의 서브를 좌측에서 우측의 순으로 실시한다.
- 카운트는 원(one), 투(two), 쓰리(three) ···의 단어를 사용해서 콜 한다.
- 코트교대는 양팀의 포인트 합이 6의 배수(6. 12. 18···)일 때 한다.
- 6:6 듀스 이후에는 어느 팀(선수)이든 2포인트 차이로 이겨야 승리한다.

(7) 노 어드밴티지 경기

- 듀스(40:40)시 1포인트로 게임을 결정하는 경기 방법
- 리시버에게 선택권을 주는데 단식일 경우 리시브가 잘 되는 쪽에서 리시브할 수 있도록 한다. 복식일 경우에는 리시브를 잘하는 선수가 리시브할 수 있도록 한다.

(8) 휴식 시간

- 코트교대 않을 때는 30초, 코트교대시는 1분 30초이다.
- 3세트 경기시에는 2세트, 5세트 경기시에는 3세트후 10분간 휴식시간을 준다.

3) 심판 규칙

(1) 시합 개시의 콜

- A 서비스, B 리시브, (1.3.5) 세트 매치 플레이! 라고 외친다.

(2) 서비스의 콜

- Ace : 서브가 강하고 예리해서 리시버가 전혀 받지 못했을 때
- 렛(Let), 퍼스트(세컨드) 서브 : 첫 번째 혹은 두 번째의 볼을 서브했을 때 렛(Let)한 경우
- 폴트 : 서브의 실수

※ 두 개의 볼 모두가 실수했어도 "더블 폴트"라고 콜해서는 안되며, 반드시 폴트라고만 콜한다.

(3) 포인트의 콜 방법 및 시기

- 0점 : Love, 1점 : Fifteen, 2점 : Thirty, 3점 : Forty
- 포인트의 콜은 반드시 서브팀의 점수부터 불러야 한다.
- 콜의 시기는 양팀 선수가 서브 및 리시브의 위치에 있는 것을 확인 후 바로 콜해 주어야 한다.

5 격구

격구는 분·소대 규모의 인원이 낮은 고지나 산악 지역에서 부대를 건제단위로 전술적 운용방법을 구사하여 공을 각팀 주장에게 전달함으로써 득점하는 경기이다. 이는 부대원의 산악 기동력의 향상을 통한 체력단련과 부대 단위의 결사대적 단결력 및 소부대 지휘자의 지휘능력 배양에 기여하는 동시에 흥미를 유발할 수 있는 경기이다.

1) 경기 요령

- 경기장은 낮은 고지, 산악 능선 어느곳이나 가능하다. 경기를 하는 인원의 규모와 경기장의 규격은 훈련을 시키고 싶은 지휘자의 의도에 따라 선정한다.

- 축구공 또는 럭비공 4~5개를 혼용할 수 있다.
- 공격조(2/3)와 방어조(1/3)로 구분 편성한다.
- 병력배치는 분대장 및 소대장이 판단하여 배치하고, 지휘자(목표지역)위치는 경기전 추첨으로 정하며, 전 · 후반시 자동 교대한다.
- 경기가 시작되면 A, B조 동시 전력 질주하여 공위치에 놓여진 공들을 포착후 목표지역으로 달린다.
- 서로 태클하고 패스 및 발로 차면서 목표지역에 접근, 지휘자에게 패스한다.

2) 경기 규칙

- 자기편 지휘자가 공을 잡았을 때 1점을 득점하며, 이때 판정관은 수기를 올려 득점을 표시하고, 지휘자에게 득점표를 준다.
- 득점시 공은 목표지역의 판정관이 방어선 아래로 멀리 차거나 던져 경기를 계속 진행시킨다.
- 경기의 시작 및 종료는 메가폰으로 통제하고 전 · 후반 시작은 출발선에서 실시한다. 경기 진행 심판관은 호각으로 경기를 통제한다.
- 경기시간은 체력단련 목표에 따라 30분~1시간 또는 10골 선득점시 경기를 종료한다.
- 경기 결과가 3점 차이마다 경기포기 방지를 위하여 상대방에게 1점을 가산할 수 있다.
- 상대방의 하체를 잡을 때는 그 위치에서 공격을 계속할 수 있도록 프리킥 기회를 부여한다.
- 공 쟁탈전으로 혼란이 야기되었을 때는 그 위치에서 점프볼을 선언한다.
- 경기중에 공이 밖으로 나갔을 경우 반대편 팀에게 드로우 인을 부여한다.
- 지휘자용 위치에는 일체 올라갈 수 없으며, 위반시에는 감점을 적용한다.
- 지휘자가 공을 받을시 공을 놓치거나 자신이 땅에 떨어졌을 때는 미득점으로 간주한다.
- 지휘자가 점프하여 잡은 공은 득점으로 인정된다.
- 지휘자가 땅에 바운드된 공을 잡을 시 득점으로 인정치 않는다.

3) 퇴장 규칙

- 경기도중 상호 충돌로 인하여 부대의 협동, 단결을 저해하는 행위
- 방어자가 고지에서 저지로 공격자를 뛰어 덮치는 행위
- 방어자가 뒤에서 추격하면서 공격자의 다리를 잡아채거나 발을 걸어 넘어뜨리게 하는 행위
- 상대방에게 다리를 거는 행위
- 고의로 경기 진행을 방해하는 행위

6 참호격투

1) 참호격투 (1형)

분대, 소대 단위의 체력단련과 협동심, 단결심, 결사대적 투지력 배양을 목적으로 한다. 경기장소는 소지역 또는 산악지역에 지름이 4~5m, 깊이 1m정도의 원형 참호 1개를 준비하고 참호의 벽이나 바닥에 안전을 위해 진흙이나 부드러운 흙을 깔아둔다.

(1) 경기 요령

- 경기 시작전 양팀은 원형호를 사이에 두고 정렬한다.
- 경기 진행 심판간의 호각 신호에 따라 일제히 함성과 함께 호 안으로 뛰어 들어 상대방을 호 밖으로 들어낸다.

(2) 경기 규칙

- 경기간 신체 전부위를 사용할 수 있으나 주먹과 발로 차거나 귀를 물어뜯는 행위 등 가해 행위자는 퇴장된다.
- 심판관은 주심 1명과 부심 2명으로 한다.
- 경기시간은 5분으로 한다.
- 승부는 호에서 밀려난 인원수에 의해 판정한다.

2) 참호격투 (2형)

분대, 소대 단위의 체력단련과 협동심, 단결심, 결사대적 투지력 배양을 목적으로 한다. 경기장소는 부대 주둔지 주위, 거점이나 진지주위에 지름이 4m, 깊이 1m되는 참호를 10m거리로 2개를 구축하고 2~3사람이 통과할 수 있는 교통호로 통로를 만든다.

(1) 경기 요령

- 심판의 신호에 따라 교통호 안에 있는 양팀(2~3명)이 상대편 참호로 달려간다.
- 통로에서 상대팀을 밀어 제치고 상대팀 참호로 진입한다.

(2) 경기 규칙

- 상대팀을 밀어 제치는 경우 팔과 몸통을 사용해야 하고 발로 차는 등의 반칙을 하면 퇴장 당한다.
- 판정은 상대팀 참호 안에 먼저 진입하는 것으로 결정된다.

3) 참호격투 (3형)

분대, 소대인원들의 근지구력과 심폐지구력 향상에 도움을 주며 결사대적 투지력과 단결심의 배양을 위한 체력단련에 적합한 경기이다. 경기장소는 평지 또는 야지에 1~2명이 들어갈 6~7개의 참호를 구축하고 교통호로 서로 연결시킨다.

(1) 경기 요령

- 공격조와 방어조를 같은 인원수로 편성한다.
- 방어조는 각 참호에 1~2명을 배치하여 공격조 인원이 통과 못하도록 밀어내거나 들어낸다.
- 공격조는 각호에 배치된 방어 인원을 피해가거나 호 밖으로 밀어내어 다음호로 전진하여 상대방을 밀어낸다.

(2) 경기 규칙

- 공격조는 방어조를 피하거나 호 밖으로 끌어내면 다음 호로 전진할 수 있다.
- 방어조는 공격조가 공격하여 들어오는 것을 호 밖으로 들어내면 된다.
- 경기시간은 심판이 양편의 상황을 판단하여 종료시키며, 승패는 호 밖으로 밀려나온 인원수에 의해 결정짓는다.

제4장

특수군대체육

1. 유격체조(P · T체조)

제4장 특수군대체육

1 유격체조(P · T체조)

유격훈련 전 · 후 신체 각 부분 근육의 긴장을 풀어주고 몸의 유연성을 부여하여 각종 장애물이나 암벽의 등 · 하강을 용이하게 하기 위해 실시하는 체조

1) 유격체조 구령법 / 체조동작

(1) 구령법

① 차려

제식동작의 차려 자세와 동일하나 양발은 앞꿈치를 모은다. 양발 앞꿈치를 모으는 이유는 착지시 발목 부상을 방지하고 정신을 집중시키는데 있다.

② 열중쉬어

제식동작의 열중쉬어 자세와 동일하나 양발은 어깨넓이 11자로 벌려준다. 양발을 11자로 벌려주는 이유는 등반시 균형을 유지하는데 용이하기 때문이다.

③ 체조대형으로 벌려 / 본 대형으로 모여

- 하나 : "유"라고 복창하고 양손은 주먹을 쥐어 가슴에 대고 상체를 15° 숙인다.
- 둘 : "격" 이라는 복창과 함께 좌(우)로 전환한다. 이때 기준열은 제외하고 좌(우) 방향으로 전환한다.
- 셋 : "얏"이라는 구호와 함께 신속히 뛰어 양팔간격으로 정렬한 다음 기준열부터 팔을 내리고 차려 자세를 취한다.

④ 준비, 시작, 바로, 반복구호

- 준비 : 각 체조의 준비 자세를 취하라는 구령
- 시작 : 체조를 실시하라는 구령
- 바로 : 차려자세로 원위치하라는 구령
- 반복구호 : 체조 4호간, 8호간의 맨 마지막 동작에 붙이는 구호로서 마지막 구호는 붙이지 않는다.

(2) 체조동작

① 높이뛰기

- 뜀뛰기 운동으로서 전신의 근육 긴장을 해소시키고, 몸의 유연성과 탄력성을 강화시킨다.
- 무릎과 상체를 15° 유지, 몸의 충격을 완화시켜야 한다.

□ 동 작

구 령	동 작 설 명
준비, 넷	• 양발을 11자 어깨넓이 • 양손은 허리 직하방 • 상체와 무릎은 15° 유지
하나	• 가볍게 도약하며 양팔은 어깨넓이 • 팔은 어깨와 수평유지 • 손바닥은 마주보게 함
둘	• 준비자세와 동일
셋	• 최대한 도약 • 팔의 상박을 귀에 밀착

② 굽혀닿기

- 허리 및 다리 운동으로써 복근력을 강화시키고 몸의 유연성, 순발력을 강

화시킨다.

- "하나", "셋" 동작시는 반드시 양손 엄지와 인지사이 홈을 군화 뒷축에 닿도록 한다.

□ 동 작

구 령	동 작 설 명
준비, 넷	• 양발을 11자 어깨넓이 • 양팔은 머리위로 쭉 뻗어주고 팔의 상박부는 귀에 밀착 • 손바닥은 마주보게 함.
하나	• 쪼그려 앉으며 양손을 양다리 사이로 넣어 엄지와 인지사이 홈을 군화 뒷축에 닿게 한다. • 시선은 손끝
둘	• 준비자세와 동일
셋	• 하나 자세와 동일

③ 엉덩이 올리기

- 배 운동로서 복근력을 강화시키고, 허리의 유연성을 증대시킨다.
- "하나", "셋" 동작시는 무릎을 곧게 펴야 한다.

□ 동 작

구 령	동 작 설 명
준비, 넷	• 양발을 11자 어깨넓이 • 양팔은 머리위로 쭉 뻗어주고 팔의 상박부는 귀에 밀착 • 손바닥은 마주보게 함.
하나	• 쪼그려 앉으며 양손을 양다리 사이로 넣어 엄지와 인지사이 홈을 군화 뒷축에 닿게 한다. • 시선은 손끝
둘	• 준비자세와 동일
셋	• 하나 자세와 동일

④ 쪼그려 뻗치기

- 배 운동으로서 복근력을 강하시키고, 허리와 다리의 유연성을 증대시킨다.
- “둘” 동작시는 지면에 배가 닿지 않도록 하고, 머리와 발뒤꿈치는 일직선을 유지해야 한다.

▢ 동 작

구 령	동 작 설 명
준비, 넷	• 차려자세와 동일 • 준비자세로 돌아오며 반복구호 실시
둘	• 엎드려 뻗쳐 자세 • 머리와 발뒤꿈치를 일직선 유지 • 시선은 1m 전방 주시
하나, 셋	• 양손을 발끝과 나란히 위치 • 쪼그린 자세를 취한다. • 시선은 양손 끝 주시

⑤ 쪼그려 굽히기

- 등배 운동으로서 허리의 유연성, 몸의 평행성을 증대시킨다.
- “셋” 동작을 실시할 때는 무릎을 곧게 펴야 한다.

▢ 동 작

구 령	동 작 설 명
하나, 둘, 넷	• 양팔은 어깨너비 11자형 유지 • 양손 엄지와 엄지가 맞닿도록 한다. • 시선은 정면
하나	• 쪼그려 앉으면서 양손은 어깨와 수평 유지 • 손바닥은 지면과 수평유지
셋	• 상체를 앞으로 굽혀 양손을 발 끝에 닿게 하고 시선은 발끝 주시

⑥ 발 벌려뛰기

- 뜀뛰기 운동으로서 어깨근육을 강화하고 몸의 유연성과 탄력성을 강화시킨다.
- "하나", "셋" 동작을 실시할 때는 양팔의 상박부는 양귀에 밀착시켜야 한다.

□ **동 작**

구 령	동 작 설 명
준비, 둘, 넷	• 차려자세와 동일
하나, 셋	• 가볍게 도약, 손은 크게 원을 그려 머리 위로 뻗어준다 • 상박부는 귀에 밀착 • 손등은 마주 보도록 하여야 함 • 발 간격은 어깨너비 만큼 11자 모양을 유지

⑦ 옆구리 운동

- 옆구리 운동으로서 활배근을 단련시키고, 허리의 유연성을 증대시킨다.
- 상체를 좌·우로 굽힐 때는 반동을 이용하여 최대한 굽혀주고 다리를 곧게 펴야 한다.

□ **동 작**

구 령	동 작 설 명
준비, 넷	• 양발은 어깨너비 11자 유지 • 양손은 머리위로 뻗어 엄지는 깍지를 끼고 인지는 나란히 하고 시선은 정면주시 • 양손바닥은 정면
하나	• 상체를 좌로 45°
둘, 넷	• 준비자세와 동일 • "넷"동작시 반복구호
셋	• 상체를 우로 45°

⑧ 온몸 비틀기

- 온몸 운동으로서 허리와 다리의 지구력과 유연성을 증대시킨다.
- 무릎을 곧게 펴고, 머리는 반드시 들어 낭심을 주시한다.

□ 동 작

구 령	동 작 설 명
준비, 하나	• 앞으로 반족장 도약 "유"라고 복창 • 양손은 수평 무릎과 상체는 15° 앞으로 굽혀서 유지
준비, 둘, 셋	• "격"이라는 구호와 함께 뒤로 누워 다리는 90°유지 • 시선은 낭심 주시 • 둘 자세는 다리와 상체를 90°유지 • 무릎은 곧게 펴고 머리를 든다 • 양손바닥은 지면에 밀착 • 실시간 "넷"동작은 준비 "둘" 자세로 돌아오면서 반복구호
하나	• 다리를 좌로 60°굽혀준다 • 시선은 우측 주시 • 다리와 상체는 90°유지 • 무릎을 곧게 펴고 머리를 든다.
셋	• 다리를 우로 60° 굽혀주고 시선은 좌측 주시 • 다리와 상체를 90° 유지 • 양손바닥은 지면에 계속 밀착

⑨ 쪼그려 앉아뛰며돌기

- 다리운동으로서 장딴지와 대퇴부의 근육과 몸의 균형성을 강화시킨다.
- 준비자세를 취할 때 반드시 양발의 뒤꿈치를 들어 엉덩이에 밀착시키고 상체를 곧게 펴고 시선은 전방을 주시한다.

□ 동 작

구 령	동 작 설 명
준비, 하나	• "유"라고 복창을 하며 양손을 허리에 위치 • 발의 앞꿈치를 45°벌린다.
준비, 둘	• "격"이라고 구호와 함께 상체를 바르게 세우고 • 발의 뒤꿈치를 들어 올리고 붙인다.
하나~셋, 넷	• 하나~셋 동작은 지면에서부터 10cm 이상 도약(정면주시) • 넷 동작은 10cm 이상 도약하면서 반복구호를 붙이고 좌로 90° 회전한다.

⑩ 몸통 뒤로 젖히기

• 등배운동으로서 복근력을 강화시키고, 허리의 유연성을 증대시킨다.
• 양발은 반드시 지면에 고정시키고, 상체를 뒤로 최대한 굽혀준다.

□ 동 작

구 령	동 작 설 명
준비, 넷	• 양발은 11자 어깨너비로 벌린다. • 양손은 깍지를 끼고 시선은 수평 정면 주시 • 깍지낀 양손은 머리 윗부분에 위치
하나	• 반동을 주어 상체를 뒤로 15°굽힌다.
둘	• 반동을 주어 상체를 뒤로 30° 굽힌다.
셋	• 반동을 주어 상체를 뒤로 45° 굽힌다.

⑪ 쪼그려 뛰기

• 다리운동으로서 장딴지와 대퇴부의 근육을 강화시킨다.
• "하나"~"넷" 동작을 할 때는 반드시 양발을 교체해야 한다. 상체를 굽혀서는 안된다.

☐ 동 작

구 령	동 작 설 명
준비, 하나	• "유"라고 복창을 하며 양손을 깍지 끼고 정수리 부분에 가볍게 올려 놓는다.
준비, 둘	• "격"이라고 구호와 함께 좌측 발을 반족장 정도 앞으로 내어 쪼그려 앉는다. • 시선을 수평 정면, 상체는 곧게 편다.
하나~셋, 넷	• 하나~셋 동작은 양발을 교체하면서 지면으로부터 30cm 이상 도약 • 넷 동작은 양발을 교차하면서 도약하고 반복구호를 붙인다(30cm 이상 도약)

⑫ 몸통 비틀기

- 몸통 운동으로서 복근력을 강화시키고 허리의 유연성을 증대시킨다.
- 무릎을 곧게 펴고 "둘", "셋" 동작을 할 때는 팔꿈치를 무릎에 닿게 해야 한다.

☐ 동 작

구 령	동 작 설 명
준비, 넷	• 양발은 11자로 어깨너비 만큼 벌려준다 • 양손은 깍지를 껴서 후두부에 대고 시선을 정면을 바라본다.
하나	• 상체를 앞으로 최대한 굽힌다. • 양 팔꿈치는 양쪽 무릎 위에 닿을 수 있도록 하고 시선은 낭심을 주시한다.
둘, 셋	• 상체의 반동을 이용하여 일으켜 세운 다음 우측 팔꿈치를 좌측 무릎에 붙인다.("셋" 동작은 반대자세)

⑬ 팔올려 발에 닿기

- 몸통 운동으로서 복근력과 허리의 유연성을 강화시킨다.
- "하나", "셋" 동작시는 위로 뻗은 손바닥은 정면에서 보이도록 손목을 틀어주고 시선은 손끝을 바라본다.

□ 동 작

구 령	동 작 설 명
준비, 넷	• 양발은 11자 어깨너비로 벌린다. • 양손은 위로 45°대각선으로 벌린다. • 손바닥은 하늘 방향, 양손가락을 붙여준다.
하나	• 상체를 숙여 우측 손끝이 좌측 발 끝에 닿게 한다. • 오른손을 좌측 발 끝에 닿게 하고 "셋"자세와 반대 동작을 취한다.
둘	• 준비자세와 동일
셋	• 왼손은 우측 발 끝에 닿게 하고 "하나" 자세와 반대동작을 취한다.

⑭ 팔동작 몸통받쳐

- 팔 운동으로서 팔의 이두박근과 삼두박근을 강화시켜준다.
- "셋", "다섯" 동작시는 지면에 배가 닿지 않도록 하고 "둘", "넷" 동작시는 발뒤꿈치와 머리가 일직선이 되도록 해야 한다.

□ 동 작

구 령	동 작 설 명
준비, 여덟	• 차려자세와 동일
하나, 일곱	• 양손끝을 발끝과 나란하게 일치 • 쪼그려 앉는다. • 시선은 수평정면 주시
둘, 셋, 여섯	• 엎드려 뻗쳐 자세를 취한다. • 시선은 1m 전방
셋	• 팔꿈치를 굽힌다. • 시선은 좌측(셋) • 시선은 우측(다섯)

제5장

응급처치

제5장 응급처치

1 응급처치

응급처치는 각종 운동 및 훈련 중 갑작스런 상해나 질병이 발생되었을 때 의사가 있는 곳까지 환자를 운반하거나 그들이 도착하여 정규의료처치를 받기 전까지의 1차적 처치방법이다.

누구나 할 수 있다고는 하지만 응급처치의 신속함과 수단 그 내용 등의 완벽함은 귀중한 생명을 구할 수도 있고 반대로 처치방법 등을 몰라서 귀중한 생명을 잃게 할 수도 있으며 상해와 질병의 회복에도 많은 영향을 미친다.

1) 응급처치 원칙

환자가 발생하면 처치자는 우선 무엇을 관찰해야 하고, 다음으로 행동할 것과 행동하지 말아야 할 것이 무엇이며 어떻게 행동할 것인가를 판단하여야 한다.

(1) 원 칙

① 환자를 위험지역에서 안전지역으로 이동시키거나 주위의 위험물을 제거한다.

② 호흡정지, 심한 출혈, 쇼크, 음독, 및 중독 등 긴급환자 순으로 처리한다.

③ 호흡정지시는 인공호흡, 심한 출혈시에는 지혈법을 실시한다.

④ 의식불명시에는 숨구멍이 막히지 않도록 얼굴은 옆으로, 고개는 뒤로 젖히면 가만히 눕힌다.

⑤ 먼지나 세균의 침입을 막기 위하여 소독된 가제나 붕대를 사용하고, 소독된 것이 없을 경우에는 가장 깨끗한 재료를 이용한다.

⑥ 입은 옷은 느슨하게 풀어주고 환자가 불안하지 않게 안심시키며 편하게 눕혀 보온시킨다.

⑦ 무의식 환자, 심한 출혈환자 그리고 복부에 심한 상처를 입은 환자의 입에는 아무것도 넣어주지 말아야 한다.
⑧ 활력징후에 일시적 영향을 미치는 알콜 등을 주어서는 안된다.
⑨ 환자의 상태 및 모든 처치 활동을 기록하고, 일정간격으로 관찰하여 재평가한다.
⑩ 신속한 처치가 요구되면 처치하면서 주위의 협력자에게 도움을 청한다.
⑪ 이동시에는 가능한 한 환자의 신체에 자극이 가지 않도록 한다.

(2) 응급처치의 순위

응급처치의 순위는 생명에 위협을 주는 정도에 따라서 결정되는데 호흡에 손상을 주는 얼굴, 목, 가슴 부위의 상해가 가장 우선적이다.

제1순위는 생명에 위험에 있어 즉각적 처치를 필요로 하는 환자로서
① 기도를 방해하거나 폐쇄를 일으킬 수 있는 모든 손상
② 즉각적인 지혈이 필요한 모든 출혈
③ 쇼크를 일으킬 수 있는 모든 손상 등이 이에 속한다.

제2순위는 긴급처치가 필요한 환자로
① 내장의 손상
② 혈관손상
③ 뇌의 손상 등이 이에 속한다.

제3순위는 긴급처치를 필요로 하지만 지연이 가능한 환자로서
① 척추의 경손상
② 이물질 제거가 필요한 창상
③ 골절이나 탈구시의 경손상
④ 눈의 손상
⑤ 질식을 수반하지 않은 안면의 손상 등이 이에 속한다.

2) 운동상해의 종류 및 응급처치

환자가 발생하면 처치자는 우선 무엇을 관찰해야 하고, 다음으로 행동할 것과 행동하지 말아야 할 것이 무엇이며 어떻게 행동할 것인가를 판단하여야 한다.

(1) 출 혈

출혈이란 혈관에서 혈액이 유출되는 상태를 말하는데 일반적으로 생체가 외상을 받았을 경우 대소를 불문하고 거의 대개가 출혈이 있다.

출혈의 원인은 첫째로 혈관 자체의 직접적인 손상(수술, 상처 등)이 있으며, 둘째 혈관벽의 질환(감염, 악성종양 등) 셋째 혈액자체의 질환(혈우병 등)으로 크게 3가지로 구분할 수 있다. 또한 출혈은 상황에 따라 외출혈과 내출혈로 분류할 수가 있고, 출혈의 출처에 따라 동맥성 출혈, 정맥성 출혈, 모세혈관 출혈로 분류할 수 있다.

출혈의 증상으로는 피부가 하얗고 창백하며 만지면 차고 습하며, 맥박과 호흡이 빠르고 약하며 불규칙적이다. 또한 표정은 매우 걱정스런 모습이며 두려움과 불안감으로 안절부절한 상태이고 갈증을 호소한다. 시력장애, 현기증, 이명, 동공이 크게 퍼지거나, 무의식 상태에 빠지는 등의 증상이 발생한다.

(2) 내 출 혈

내출혈은 출혈을 육안으로 식별할 수 없기 때문에 증상과 징후를 증후를 정확하게 파악하는 것이 참으로 중요하며 다음과 같은 처치를 하여야 한다.

① 환자를 안정시키고, 필요 없는 이동으로 인한 출혈을 방지한다.

② 환자의 불안과 두려움을 해소시킨다.

③ 옷은 느슨하게 풀어주어 편하게 해주고, 가능하면 하체는 높게 올려주고 상체는 낮게 해주면서 따뜻하게 해준다.

④ 내출혈은 시간을 다투는 위험한 상태일 수도 있으므로 위급할 경우엔 즉시 병원으로 운반해야 한다.

(3) 외 출 혈

외출혈의 응급처치는 일반적으로 내출혈과 같고 그 외의 국소적인 처치는 다음과 같다.

① 세균감염 방지를 위하여 소독된 붕대나 가제로 상처를 드레싱하여 청결을 유지한다.

② 동맥성 출혈 이외의 대부분 정맥성 출혈에는 패드나 붕대, 수건 등을 환부에 대고 최소한 5분 이상 직접 압박하여 지혈을 한다.

③ 환부를 심장보다 높게 하여 출혈량을 감소시킨다.

(4) 비 출 혈

① 심하게 코피가 날 경우에는 환자의 머리를 앞으로 숙이고 의자에 앉도록 하여 목구멍으로 혈액이 넘어가지 않도록 한다.

② 옷은 느슨하게 풀어주고 신선한 공기를 쏘이게 한다.

③ 엄지의 식지로 최소한 10분 이상 코를 지혈한다.

④ 콧등이나 목 뒤를 얼음으로 찜질하고 호흡은 입으로 하게 한다.

⑤ 솜을 콧구멍 앞쪽으로 삽입하여 약간 압박한다.

⑥ 출혈이 몇 분 이내에 멈추고 않고 계속되면 정규의료처리를 받게 한다.

(5) 토 혈

위, 식도나 십이지장에서 일어나는 경우에 출혈의 정도는 다양하며 출혈색은 음식이나 위액과 혼합되어 갈색을 띈다.

① 환자의 옷을 느슨하게 해주고 절대 안정시킨다.

② 토혈이 심한 환자는 정신적으로 안심시키고 머리를 옆으로 눕혀 토물이 잘 흘러 나오도록 한다.

③ 입에는 아무것도 주지 말아야 한다.

④ 구역질로 인한 재토혈을 할 수 있으므로 입안을 깨끗하게 해준다.

⑤ 정규의료처리가 필요한 경우엔 토물을 모두 모아두어야 한다.

(6) 객 혈

호흡기 계에서 나오는 출혈로 선명한 붉은 색에 공기가 혼합되어 거품을 볼 수 있다.

① 환자의 머리를 낮추고 고개를 옆으로 돌려서 피가 막히지 않고 흘러나오게 하며 편안한 자세로 해준다.

② 옷을 느슨하게 풀어주고 정신적으로 안심시키며, 흥분이나 이동에서 오는 다량의 출혈을 방지한다.

③ 얼음주머니를 가슴에 대어 폐의 혈관을 수축시킨다.

④ 출혈물을 모아서 의사에게 보이도록 한다.

(7) 혈 뇨

혈뇨란 소변에 혈액이 섞여 나오는 것을 말하며 이것은 신장, 뇨관, 방광, 뇨도 중 어느 부위에 출혈이 있음을 의미하는데 이때는 환자를 편하게 눕혀 움직이지 않게 하고 휴식을 취하도록 하며 소변을 의사에게 보이도록 한다.

(8) 혈 변

혈변은 일반적으로 위나 십이지장 등의 윗부분에서 출혈이 있으면 대변의 색깔은 붉은 피가 변해서 까맣게 되고, 대장에서 출혈이 발생했을 때는 빨간 피가 나온다.

① 환자를 편하게 눕히고 움직이지 않게 한다.

② 대변을 모아서 의사에게 보인다.

③ 치질의 경우에는 더운 물로 좌욕을 시킨다.

(9) 지 혈 법

지혈법은 출혈의 응급처치 가운데서 매우 중요한 실기에 속한다. 그러나 지혈법을 올바르게 할 수 있는 처치자는 생각보다 적은 편이며, 단순히 출혈부의 위쪽을 묶는 것이 지혈이라고 생각하는 사람도 많다.

① 직접압박법

- 상처부위에 응급처치용 압박붕대를 펴서 대고 손바닥과 손가락으로 균등하게 압력을 가한다.
- 출혈이 심한 경우에도 6~10분간 실시하면 대개 지혈이 된다.

② 국소거양법

- 출혈이 있는 신체 부위를 심장보다 높게 해준다.
- 만일 상처부위(팔, 다리)에 골절이 의심되면 부목을 대기 전에 함부로 움직여선 안된다.

③ 간접 압박법

지압법이라고도 하며 출혈부위로 가는 가장 가까운 동맥 혈관을 뼈에 대고 손가락으로 누르는 방법으로 상처에 대고 직접 압박을 할 수 없거나 직접 압박으로 지혈을 못하는 경우 병행해서 사용한다.

- **측두동맥 지압점 :** 머리부분의 외출혈을 멈추는데 효과적이며 출혈이 있는 쪽 귀의 앞 지점을 측두골 방향대로 엄지손가락으로 누른다.
- **안면동맥 지압점 :** 안면동맥 출혈억제에 효과적이며 지압점은 턱 하단 외곽으로부터 앞쪽으로 1/3정도 되는 홈이며 엄지손가락으로 누른다.
- **상완동맥 지압점 :** 상완동맥은 혈압을 측정할 때 주로 사용하는 동맥이다. 팔에 출혈이 있을 때 상박 중간에서 엄지손가락은 밖으로, 네 손가락은 안쪽으로 하여 손아귀를 쥔다.
- **요골동맥 지압점 :** 맥박을 측정할 때 주로 사용하는 동맥으로 엄지손가락으로 누른다. 손에 출혈이 있을 때 효과적이다.
- **대퇴동맥 지압점 :** 다리에 출혈이 있을 때 이용되며, 서혜부(사타구니) 중간 부위를 골반을 향해 뒤쪽으로 양 엄지손가락으로 누른다. 이때 누르는 다리는 무릎을 세워야 한다.
- **쇄골동맥 지압점 :** 어깨, 상박이나 전박에 출혈이 있을 때 쇄골 가운데에 엄지손가락을 넣어 아래쪽으로 누른다. 이때 환자의 목은 상처가 있는 쪽으로 굽힌다.

- **총경동맥 지압점** : 머리 또는 경부 위쪽으로 출혈이 있을 경우 총경동맥을 지압한다.

④ 지혈대 사용방법

- 손, 팔, 발 및 다리의 절단시나 상박 및 대퇴부의 지혈시에는 지혈대를 상처 바로 위에 감는다.
- 지혈시에는 상처로부터 5~10cm 상단의 근육이 많은 곳에 지혈대를 감는다.
- 가능하면 옷 위에 지혈대를 감아서 피부를 보호하고, 지혈대를 사용한 시간을 기입해야 한다.
- 일단 사용한 지혈대는 풀거나 늦추어서는 안되고 신속히 의사의 조치를 받도록 한다.(쇼크 방지)
- 지혈대는 가능한 넓은 천을 사용해야 하며 끈이나 고무줄 같은 것은 절대 사용해서는 안된다.(신경마비, 동맥손상 등의 합병증 초래)
- 가능한 직접 압박법을 사용하고 지혈대를 사용한 환자는 신속히 의사의 진찰을 받도록 한다.
- 혹한기에 지혈대를 사용한 경우는 동상에 걸리기 쉬우므로 특별한 보온을 해주어야 한다.

3) 쇼 크(Shock)

쇼크란 급격하게 가해진 큰 자극이나 충격으로 신경계통의 조화가 깨져서 혈관의 운동신경이 그 기능을 잃고, 따라서 전신적인 혈액순환이 급하게 저하되어 신체 장기의 기능이 점점 떨어지는 현상으로 쇼크를 유발하는 원인으로는 첫째 심장이 손상되어 펌프로써의 기능을 제대로 할 수 없는 경우, 둘째 혈액이 손실되어 심혈관계의 혈액량이 충분하지 못한 경우, 셋째 혈액량은 충분한데 혈관이 갑자기 확장되어 신체 장기에 혈액순환이 안되는 경우, 넷째 심한 출혈, 화상, 충격, 중독, 골절, 주사의 부적응, 과민반응, 기타 정신적 충격 등의 원인에 의해서 발생할 수 있다.

(1) 증 상

① 피부는 차고 축축하며 창백해진다.

② 맥박이 처음에는 느리지만 차츰 빠르고 약해진다.

③ 호흡은 처음에 빠르고 얕다가 나중에는 깊은 호흡과 얕은 호흡으로 불규칙하게 된다.

④ 식은땀이 나며 현기증을 일으킨다.

⑤ 구토나 구역질을 하고 체온과 혈압이 떨어진다.

⑥ 침착성이 없고 안절부절한 증세를 보이며, 심하면 의식을 잃거나 심장이 정지된다.

(2) 응급처치

① 환자의 체온이 떨어지면 충격이 더욱 악화되므로 먼저 체온유지를 해 준다. 그러나 일사병이나 열사병의 경우에는 체온이 높은 상태이므로 가온 및 보온을 해서는 안된다.

② 머리나 목부상으로 의심이 가는 환자는 머리와 몸을 수평으로 편하게 눕힌다.

③ 머리에 부상이 없는 환자는 뇌나 심장으로 혈액이 흐르기 쉽도록 하체를 머리보다 10~15° 정도 높여서 눕힌다.

④ 가슴에 부상을 당한 환자는 호흡을 쉽게 하도록 머리와 상체를 높여서 눕힌다.

⑤ 등 쪽에 부상을 당한 환자나 구토를 하는 경우에는 머리를 한쪽으로 돌려서 자세를 유지시킨다.

⑥ 환자가 의식이 있고 마실 것을 요구할 때에는 필요시 더운 국물, 우유, 물을 조금씩 마시게 하고 의식이 불명한 경우에는 아무것도 주어서는 안된다.

4) 질식과 인공호흡법

질식이란 호흡을 방해하는 어떤 원인으로 생기가 없는 상태인데 호흡이 멎었다고 반드시 사망한 것으로 판단할 수는 없다. 보통 호흡이 멎고 5~10분이 지나면 심장이 멈추고, 심장이 멈추면 혈류가 정지되며 뇌의 혈액순환도 정지되어 사망에 이르게 된다.

대뇌로 가는 혈액이 3~5분간 완전히 정지되면 뇌세포는 산소공급을 받지 못하여 치명적 손상을 받게 되므로 신속한 조치를 취해야 한다. 질식의 원인은 첫째 호흡근의 마비, 둘째 호흡기의 폐쇄, 셋째 산소의 부족 및 일산화탄소의 중독, 넷째 호흡중추의 기능저하 및 마비, 다섯째 혈액의 산소운반능력 상실, 여섯째 외력에 의한 흉부압박 등에 의해서 발생한다.

(1) 증 상

① 호흡장애로 안절부절 못하고 흥분한다.
② 고통스러워서 자신의 옷을 찢거나 목을 잡아뜯는 등 자신과 투쟁한다.
③ 기침을 하며 침을 튀긴다.
④ 손가락 끝이나 귀가 새파랗게 되고 점차 안면이 파래지며 청색증이 나타난다.
⑤ 경부의 정맥이 확장되어 뚜렷하게 보인다.
⑥ 동공이 확대되고 눈을 부릅뜨며 출혈을 보인다.

위의 증상들이 약 5분간 지속되는데 이때 즉시 인공호흡을 행하지 않으면 뇌의 기능이 상실되어 의식을 잃고 호흡이 정지된다.

□ **호흡정시간과 소생률**

호흡 정지시간(분)	소 생 률(%)	호흡 정지시간(분)	소 생 률(%)
1	98	5	25
2	90	10	1
3	75	11	0.1
4	50	12	0.01

(2) 응급처치

① 환자를 안전하고 평탄한 장소로 이동시키고 위험물질을 제거한다.
② 옷은 모두 느슨하게 풀어주고 보온해 준다.
③ 머리를 뒤로 젖히고 목을 펴서 기도가 일직선이 되도록 한다.
④ 호흡정지시에는 즉시 인공호흡을 실시한다.

5) 인공호흡 기도유지 방법

(1) 두부후굴법

① 의식을 잃으면 혀 및 인두의 근육이 이완되어 기도가 막힌다.
② 이마를 누르고 경부를 들어주어 목이 신전되면 기도가 유지되어 후두, 인두벽에 접해 있는 혀가 앞목으로 이동한다.

(2) 하악거상법

① 머리가 후굴되고 나서도 기도가 열리지 않으면 하악거상법을 써서 기도를 확보해야 한다.
② 환자의 이마에 한 손을 대고 나머지 손으로 턱의 골부밑에 대고 턱을 전방으로 거상시킨다.
③ 이때 손가락이 턱 밑의 연부조직을 누르지 않도록 주의해야 한다.

(3) 하악전굴법

① 턱을 전방으로 민다.
② 머리를 뒤로 당겨 두부후굴이 되도록 한다.
③ 엄지손가락을 이용하여 환자의 아래 입술을 밀어서 입이 열리도록 한다.

6) 인공호흡의 종류와 방법

(1) 경구법(구강대 구강)

① 환자를 바른 자세로 유지시키고 안면을 위로 향하도록 한 후 머리를 옆으로 돌려 기도와 구강의 이물질을 제거한다.

② 머리를 뒤로 젖히고 목을 편 다음 아래턱을 앞으로 잡아당기며 기도를 직선으로 유지시킨다.

③ 구조자의 귀를 환자의 입과 코에 가까이 대고 3~5초 동안 환자가 숨을 쉬는지 확인한 다음, 호흡이 정지되었다고 판단되면 1.5~2초 간격으로 공기를 2회 불어넣어 준다.

④ 구조자의 둘째, 셋째 손가락을 환자의 후두에 대고 5~10초 동안 경동맥을 검사한다. 호흡은 정지되었으나 맥박이 뛸 경우 즉시 인공호흡을 실시한다.

⑤ 인공호흡은 구조자의 입으로 환자의 입을 덮어서 5초에 1회의 속도로 실시한다. 5초 중 3초 정도는 구조자가 깊이 들이 마시고, 2초 동안은 환자에게 불어 넣는 시간으로 하면서 1분간 12~20회의 인공호흡을 소생할 때 까지 계속해야 한다. 이때 환자의 가슴이 올라오는지, 공기가 나오는지를 보고, 듣고, 느끼면서 실시한다.

⑥ 환자가 호흡을 시작하면 기도가 열린 상태를 유지하고 구조대가 올 때까지 환자의 호흡을 관찰해야 한다.

(2) 경비법(구강대 비강)

① 환자의 입으로 공기를 불어넣을 수 없는 경우 실시한다.

② 신생아나 유아일 경우에는 코와 입을 덮어서 공기를 불어 넣어야 하며 2~3회에 한번은 상복부를 손으로 압박하여 위속의 공기를 배출시켜서 위의 확장을 방지해야 한다.

③ 기타 실시요령과 순서는 경구법과 동일하다.

(3) 흉부압박 상지거상법

① 입안의 이물질을 제거하고 말려 들어간 혀를 바로 펴준다.

② 환자를 바로 눕히고 어깨 밑을 괴여서 머리를 뒤로 젖혀 기도가 직선이 되도록 한다.

③ 구조자는 양손으로 환자의 양손목을 잡고 환자의 젖꼭지 근처로 갖고 온다. 이때 구조자의 팔꿈치는 편 자세이다.

④ 구조자는 엉덩이를 들고 자신의 체중을 환자의 가슴에 주며 압박한다. 이때 손의 위치는 그대로이고 자신의 팔꿈치는 굽히지 않도록 하며 시선은 환자의 무릎에서 발톱 부위에 둔다.

⑤ 환자의 가슴에서 압박을 서서히 풀며 환자의 손목을 머리쪽으로 이동시킨다.

⑥ 구조자는 자신의 상체를 원래의 자세로 하며 환자의 손목을 크게 밖으로 돌리고 팔꿈치를 늘리며 마치 환자가 만세 부르는 자세를 취하게 한다.

⑦ 위와 같은 순서를 한 번의 주기로 하여 1분에 12회(5초당 1회)정도의 속도로 실시한다.

(4) 등 누르고 팔들기

① 환자의 등부분에 상처가 있을 경우 엎드려 눕히되 가능하면 상체를 하체보다 낮게 한다.

② 입안의 이물질을 제거하고, 혀가 안으로 말려 있으면 바로 펴준다.

③ 환자의 턱을 앞으로 내밀어서 기도를 확보한 다음 손가락이 포개지도록 양손을 포개서 환자의 턱을 받친다.

④ 구조자는 환자의 머리부근에 위치하여 한쪽 무릎은 세우고 앉아 환자의 견갑골에 양손을 댄다.

⑤ 구조자는 엉덩이를 들어 환자의 등에 약 2초간 압박을 가한다. 이때 구조자의 팔은 환자의 등에 수직이어야 하고, 시선은 환자의 발뒤꿈치에 둔다.

⑥ 구조자는 본래의 상태로 돌아오면서 양손을 환자의 어깨에서 뗀다.

⑦ 허리를 구부린 자세로 구조자는 양손으로 환자의 양팔꿈치를 잡는다.
⑧ 구조자는 엉덩이를 내리고 자신의 가슴을 펴면서 환자의 양팔꿈치를 약 2초간 들어 올린 다음 원위치 한다.
⑨ 위와 같은 순서를 한 번의 주기로 하여 1분에 12회(5초당 1회)정도의 속도로 실시하되 환자의 자세가 흐트러지지 않도록 자연스럽고 율동있게 실시한다.
⑩ 환자의 자연호흡이 회복되면 조용히 누워서 안정을 취하도록 해주고, 의식이 완전히 회복되면 따뜻한 보리차나 홍차 등을 마시게 한다.

7) 심정지

(1) 원 인

① 심장이 박동하기는 하지만 대출혈 등으로 인하여 혈액이 뇌를 비롯한 각 조직에 순환이 불량하여 산소 공급이 차단되었기 때문
② 심장의 충격이나 전기 쇼크 등으로 실질적 심장박출이 없기 때문
③ 심장 근육에 심한 산소결핍증으로 기인해서 심실이 전혀 수축되지 않기 때문에 발생한다.

(2) 증 상

① 심음이 들리지 않는다.
② 의식이 없다.
③ 동공이 확대된다.
④ 혈압은 잴 수가 없으며 맥박도 만질 수 없다.

3) 응급처치

① 딱딱한 평면 위에 환자를 누이고, 구조자는 환자의 바로 옆에 위치하여 비스듬하게 환자의 얼굴이 보일 수 있도록 위치한다.
② 구조자의 한쪽 손바닥 끝 부위를 환자의 가슴뼈 하반부에 올리고, 다른

손을 그 위에 겹친다.

③ 구조자는 허리를 들어올려 상체의 체중을 양손에 싣고, 환자의 가슴뼈가 3~4cm 들어갈 정도로 압박한다. 이때 구조자의 팔꿈치는 바로 뻗는다.

④ 바로 직후에 손의 힘을 빼고, 흉곽이 원상태로 되돌아오는 것을 기다린다.

⑤ 이상의 동작을 1초에 1회의 속도로 반복한다.

⑥ 심장정지는 호흡도 멎은 가사상태이므로 심장 마사지와 동시에 인공호흡을 실시해야 한다. 이때 1인 2역은 매우 힘들므로 주위의 동료가 있으면 함께하는 것이 이상적이다.

⑦ 심장 마사지와 구강 인공호흡의 비율은 5 : 1, 즉 한사람이 심장마사지를 1초에 1회의 속도로 5회 실시하고 나면 다른 한사람이 1회의 구강 인공호흡을 실시한다. 만약 협조자가 없는 경우는 혼자서 심장 마사지 5회, 구강 인공호흡 1회의 리듬을 맞추어 실시해야 한다.

⑧ 구조자는 은근과 끈기를 가지고 응급차가 올 때까지 또는 환자가 소생할 때 까지 계속해야 한다.

8) 일사병

일사병은 고열의 직사광선에 장시간 노출되어 뇌의 체온조절 기능저하로 발생하는 열에 의한 가장 흔한 병이다.

(1) 원 인

① 극심한 땀 흘림으로 체내의 수분과 전해질을 상실하여 체액고갈 상태시에 발생한다.

② 땀이 증발되지 않아 체온상승시 발생한다.

(2) 증 상

① 심한 땀흘림과 함께 두통 및 구토, 현기증이 나타난다.

② 피부는 차고 축축하며 얼굴은 창백해진다.

(3) 응급처치

① 서늘한 곳에 눕히고, 머리를 낮추어 준다.
② 옷을 벗기고, 꽉 끼는 옷은 느슨하게 해준다.
③ 환자가 정신을 차리면 식염수나 전해질 용액을 먹인다.
④ 30분 이내에 호전되지 않으면 병원으로 후송한다.

9) 열사병

고온 다습한 곳에서 고열로 인한 발한기능의 마비 때문에 체내 열수축에서 오는 체온조절 기능장애가 나타나는 병으로 흔하지는 않지만 죽음에 이를 수도 있다.

(1) 원 인

① 뇌의 온도 상승으로 인한 체온조절 기능이 마비되기 때문이다.
② 고온 다습한 장소에서 격심한 신체활동이나 직사광선 노출시 발생한다.

(2) 증 상

① 피부가 뜨겁고 건조하며 붉은 색을 띈다.
② 땀이 나지 않고 체온이 급격히 상승한다.(40～41℃)
③ 전신이 허탈감, 권태감, 메스꺼움이 나타나며, 맥박은 약하고 빠르면서 불규칙적이다.
④ 처음에는 두통, 어지러움, 귀울림, 초조, 하품 등의 증상에서 차츰 수족 운동장애, 소리를 지르거나 흥분상태로 발전하는데 약 50%는 간질병과 같은 경련이 오며 의식상실과 혼수상태가 되면 사망할 위험도 있다.

(3) 응급처치

① 환자를 시원하고 그늘진 곳에 누이고 머리를 높여 준다.
② 환자의 옷을 벗긴다.
③ 찬물, 얼음찜질, 선풍기, 부채 등으로 환자의 체온을 저하시킨다.

④ 체온이 떨어지지 않으면 아주 차가운 식염수를 사용한다.
⑤ 의식이 있으면 식염수를 먹인다.
⑥ 환자의 호흡과 맥박을 수시로 확인하고 필요한 처치를 실시한다.

10) 뇌진탕

(1) 원 인

머리부분에 강한 물리적 충격이 가해졌을 때 발생되는데 두피, 두개골 또는 뇌에 손상을 입게 된다.

뇌는 뇌척수액이 떠 있기 때문에 외부의 힘에 비례하여 충격을 받는다. 즉 약간의 충격은 두통도 없애지만 중간 정도의 충격은 신경장애를 일으킬 수도 있고 좀 더 심한 충격에는 의식을 잃게 되며 아주 심한 충격이나 타격에는 뇌간의 흔들림이나 출혈로 인해서 장기간의 의식불명이나 사망에도 이르게 된다.

(2) 증 상

① 의식장애 및 의식불명 상태가 된다.
② 두통, 구역질, 구토 및 발열이 일어난다.
③ 불규칙한 호흡, 출혈시에는 맥박이 빨라진다.
④ 양쪽 동공의 크기가 달라진다.
⑤ 코, 귀, 입으로 혈액이나 뇌척수액이 약간 유출된다.
⑥ 근경련 및 마비 증세가 나타난다.

(3) 응급처치

① 호흡장애시는 인공호흡을, 출혈시에는 지혈법을 실시한다.
② 의식불명시에는 의식회복을 위한 조치를 한다.
③ 머리를 절대 움직이지 않도록 한다.
④ 상처 부위에는 압박으로 가하지 말고 깨끗한 붕대로 가볍게 감는다.
⑤ 귀에서 출혈이 있으면 귀를 막지 말고 귀 위를 붕대로 가볍게 감는다.

⑥ 조이는 옷은 모두 풀어서 호흡을 돕는다.
⑦ 쇼크가 발생되었다면 쇼크에 대한 처치를 한다.
⑧ 의식 회복 후에는 기억에 관한 몇가지 질문으로 기억상실증 유무를 확인해야 한다.

11) 뇌빈혈

(1) 원인과 증상

뇌빈혈은 저혈압 무력성 체질자에게 흔히 발생되는데 이는 혈액순환 조절이 원활하지 못해 뇌에 혈액이 감소하고 동시에 산소의 부족으로 발생하는 것인데, 적혈구나 헤모글로빈이 부족하여 발생하는 빈혈과는 다르다.

뇌빈혈의 증상은 처음에는 수족이 차갑고 가슴이 답답하다. 그리고 하품과 귀울림 등이 있다가 식은땀과 함께 안면이 창백해지고 나중에는 현기증을 일으키며 쓰러지게 된다.

(2) 응급처치

① 통풍이 잘 되는 장소에 머리를 낮추어 편하게 눕혀 안정을 취하게 한다.
② 옷을 풀어 늦추어서 호흡을 돕는다.
③ 머리는 덥게 하고 손발은 차게 한다.
④ 호흡 장애시에는 인공호흡을 실시한다.
⑤ 의식이 회복되면 따뜻한 보리차 등을 마시게 한다.

12) 타박상

(1) 원인과 증상

① 타박상이란 강한 외력의 작용으로 근육 및 뼈에 충격이 가해져서 발생하는 외적 손상이며 부기를 동반한다.
② 타박상의 정도가 심한 경우에는 근육 및 근막에 부분파열이 발생하고

근육에 출혈이 생겨 근경련이 발생되기도 한다.

③ 두부 타박시에는 뇌진탕의 우려가 있고, 흉부에 강한 타박상을 입으면 늑골 및 흉골의 골절과 폐에 손상을 입을 수가 있다.

④ 복부 타박시에는 내출혈에 의한 위험성이 크고, 부상시부터 또는 얼마후에 쇼크상태가 일어나 혈압이 내리는 수도 있으며, 장이 터지면 복막염을 일으켜 상태가 더욱 악화되기도 한다.

(2) 응급처치

① 우선 냉각요법으로 환부를 철저히 냉각처리 한다.

② 부기가 내리면 온열요법 및 마사지를 행한다.

③ 가벼운 타박상은 근육이나 근막에 손상이 없으므로 환부를 식혀서 피하출혈, 부기, 통증을 진정시키고 부기가 내려면 온습포로 피하출혈 등의 흡수를 촉진시킨다.

④ 내장기관의 손상이나 근육이 찢어진 경우 또는 머리에 충격을 받아 뇌손상이 있을 때에는 빨리 의사의 진찰을 받도록 한다.

13) 상 처

(1) 원인과 증상

상처는 신체조직의 상해로서 주로 피부나 점막이 손상된 상태이며 크기와 부위 그리고 상태에 따라 처치를 달리해야 한다.

① **찰과상 :** 피부나 점막이 마찰되든가 또는 긁힘으로써 생기는 상처로 출혈은 비교적 적지만 감염되기 쉽다.

② **절 상 :** 칼이나 날카로운 물체에 의해서 베어진 상처이며 근육과 혈관이 곧게 끊어져 출혈이 심하지만 세균 감염의 가능성은 적다.

③ **열 상 :** 둔한 물건에 타박되거나 또는 압박 등 외력에 의해서 발생하며 끊어졌다기 보다는 찢어졌다는 느낌을 주는 상처이다. 기계에 의한 사고는 거의 열상으로 조직이 파괴되고 환부가 더럽혀지는 경우가 많기

때문에 감염의 위험성이 크다.

④ **자 상 :** 바늘이나 못 등에 의해서 찔린 상처인데 그다지 큰 출혈은 없지만 상처가 깊으면 내출혈이 발생하고 소독이 어려워 세균이나 먼지가 침입하고 감염의 위험이 크다.

⑤ **좌 상 :** 무거운 물체에 찧었을 때 일어나며 환부가 으스러진 상태로 상처가 크고 감염의 위험성도 많다.

(2) 응급처치

상처는 크고 작고 간에 감염 때문에 직접, 간접의 위험성을 지니고 있으며, 특히 응급을 요하는 외상은 더러운 상처인 경우가 많고 주위 상황에서도 더러워질 가능성이 많다.

사람의 혈액량은 대략 자기 체중의 약 1/13인데, 이것은 1/3 이상을 한꺼번에 잃을 경우 생명이 위험하므로 지혈이 절대 필요하다.

① 심한 출혈시엔 빨리 지혈시키고 안정을 취하게 한다.

② 세균 침입을 막기 위한 조치를 한다.

③ 함부로 약품을 사용할 경우 부작용이 있을 수 있으므로 유의해야 한다.

④ 상처로 인한 쇼크의 발생 우려가 있을시는 쇼크에 대한 조치를 한다.

⑤ 상처가 크거나 제거하기 어려운 이물질이 박혀 있을 경우에는 함부로 건드리지 말고 의사에게 보여야 한다.

⑥ 흉부의 깊은 상처시에는 상처를 통하여 공기가 들어가 폐를 압박하여 호흡곤란이 발생하므로 넓은 반창고 등으로 상처를 덮어 공기가 들어가지 않도록 한다.

⑦ 복부 내장이 외부로 튀어나왔을 경우는 환자를 눕혀서 무릎을 높게 해주며 상처 부위의 옷을 잘라내고 넓은 천으로 덮은 다음 출혈을 방지하기 위해서 움직이지 않도록 한다. 특히 나온 내장을 다시 복부내로 집어넣는 행위는 절대 하지 말아야 한다.

14) 근육통

(1) 원 인

① 지속적인 운동으로 인한 노폐물의 과도한 축적 등 근섬유 내부의 생리적 변화에 의한 발생

② 외력에 의한 근 섬유나 건의 파열

③ 혈액과 근육내의 다량의 젖산 축적으로 인한 일시적 근피로

④ 근육내 혈류량의 감소로 인한 통증

⑤ 지나친 스트레칭에 의한 근육 결합조직의 손상

(2) 증 상

① 운동중 주로 사용하는 근육은 경기 후 바로 통증이 유발되어 다음날 운동에도 지장을 초래할 수 있으며, 특히 근육의 신장력과 유연성이 떨어진다.

② 경기 후 12시간 정도 지나서 나타나는 통증도 있는데 이때 통증 부위에는 연필 굵기 정도의 근육응어리가 발생한다.

(3) 응급처치

① 바로 나타나는 근육통은 충분한 근육 마사지를 실시한다.

② 늦게 나타나는 근육통은 온열요법, 근육마사지 등을 통해서 뭉친 근육을 풀어 주어야 한다.

③ 근육통에 대한 예방으로는 적당한 스트레칭이 가장 효과적이다.

15) 근경련

(1) 원 인

① 근육내에 젖산 및 대사물질의 과다 출적

② 발한에 의한 혈액 및 근육내의 식염소실 및 탈수

③ 지나친 흥분으로 인한 계속적인 근수축
④ 지나친 운동 및 훈련에 의한 근피로
⑤ 근육의 냉각 및 비타민 B1의 부족

(2) 응급처치

① 운동전 철저한 준비운동을 실시한다.
② 운동 하루 전에는 주동근육의 마사지와 식염수, 비타민 B1 등을 적당히 섭취하고 정신적 안정을 취한다.
③ 특히 실내에서나 고온에서는 발한량에 비례해서 반드시 염분과 물을 보충해 주어야 한다.
④ 경기나 훈련중 증상이 나타나면 바로 중지하고 조치를 해야 한다.

16) 손목 통증

(1) 원 인

손목 상해의 가장 큰 원인은 운동 중의 순간적 실수로 손목을 자극해서 발생하는 경우가 많다. 대개 뼈에 대한 상해인데 염좌라면 큰 문제가 되지 않지만 골절일 경우에는 통증이 멈추지 않으므로 반드시 의사에게 문의 하여야 한다. 투기와 구기운동 선수들이 손목통증을 많이 호소하는데 손목의 반복 사용으로 피로누적에 의한 통증이 유발되는 경우도 있다.

(2) 응급처치

① 마사지로서 손상부위를 풀어준다.
② 온열요법으로 따뜻하게 해준다.
③ 테이핑으로 가동성을 제한시킨다.
④ 환부에 열이 있다면 냉각처리를 해준다.

17) 어깨 통증

(1) 원 인

운동상해에서 어깨에 대한 장애는 야구, 수영 종목의 선수에게서 많이 볼수 있으며, 배구, 테니스, 육상의 투척선수도 예외가 아니다.

야구의 경우 볼을 던질 때 상지의 굴신이 가해져 급격한 어깨의 회전이 일어나므로 여기에 관계되는 견관절과 견갑골에 걸쳐 있는 근육의 뭉침이나 통증이 발생되는 것이다. 수영의 경우에는 자유형이나 접영시에 어깨의 무리한 회전운동의 반복으로, 배구 공격수는 강한 스파이크 동작의 반복으로, 테니스의 경우는 서브 동작 때 강한 스핀으로 어깨 회전운동과 주관절 신정운동의 반복으로 어깨에 장애가 나타나는 것이다.

(2) 증 세

① 운동선수의 어깨 장애는 거의 모두가 무리한 동작을 지나치게 반복사용하기 때문이며, 장애가 악화됨에 따라 어깨 주변의 근육이 굳어지고 상지 전체의 근력도 저하된다.

② 손 전체가 나른해지고 때로는 마비증세를 호소하는 경우도 있으며 심하면 좌우 견갑골 위치가 비대칭으로 변화되고 견갑골을 움직이는 근육군이 굳어진다.

③ 흉골과 쇄골을 연결하는 흉쇄관절의 움직임이 나쁘게 되어 어깨의 활동에 큰 지장이 있다.

(3) 응급처치

① 야구나 테니스에서 어깨의 장애 발생시는 운동후 10~20분 정도의 냉각처치를 실시한다.

② 냉각처치 후에는 오일로 어깨 주변의 근육 마사지를 철저하게 해준다.

③ 스트레칭 방법으로는 길이 1.3m 정도의 봉이나 또는 골프채를 이용하여 양손으로 좌우 끝을 잡고, 양발은 어깨 폭으로 벌려서 상태가 좋은 팔로

장애부의 팔을 밀어 올려서 굳어진 근육을 신전시킨다.

④ 마사지나 스트레칭 후에는 아령이나 각종 기구 등을 이용한 운동으로 어깨 주변의 근력강화를 꾀한다.

18) 피로성 골절

(1) 원인 및 증상

우리의 뼈는 같은 동작을 지나치게 반복하면 피로성 골절이 나타나는데 스트레스 골절이라고도 한다. 피로성 골절은 경골과 비골 중앙으로부터 아래쪽으로 1/3부분이나 넷째 발가락부분에 많은 발생하여 여자들은 임신의 경우 골반부분에서 자주 발생한다.

딱딱한 노면을 장시간 계속 달리는 육상선수들에게서 자주 찾아볼 수 있으며 테니스 선수라도 만일 딱딱한 콘크리트에서 장시간 운동을 하게 되면 피로성 골절이 되기 쉽다. 골프 골절은 최근에 나타난 현상으로 준비운동 부족상태에서 장기간의 플레이로 늑골, 쇄골 등에 국부적 스트레스가 쌓이게 되어 피로성 골절이 발생하는 것이다.

(2) 응급처치

① 딱딱한 노면을 장기간 달릴 때에는 충격 흡수가 양호한 신발을 착용해야 한다.

② 가벼운 경우 환부 주변의 근육 및 관절을 중심으로 마사지를 하고 증상이 심하면 냉각요법을 실시한다.

③ 회복기에는 하지 전체의 근육, 특히 대퇴 사두근과 비복근의 근력강화 트레이닝을 하면 효과적이다.

④ 대부분의 피로골절 초기에는 운동이나 훈련으로부터 벗어나 휴식을 취하는 길이 최고의 방법이다.

19) 아킬레스건 파열

(1) 원인 및 증상

아킬레스건은 우리 몸에서 가장 중요하고 많이 사용되는 건으로 매우 두껍고 질겨서 쉽게 파열되거나 끊어지지 않지만 건의 노화나 피로시에 특히 추운날씨에 준비운동의 부족상태로 과격한 운동이나 훈련을 할 경우 파열되는 수가 있다.

아킬레스건의 파열은 완전파열과 불완전파열이 있다. 완전파열은 건의 완전 절단되어 위로 젖혀져 버리고 혈종이나 통증이 매우 심하여 직접보행이 불가능하게 된다. 불완전파열은 근섬유가 급격히 수축되어 부분적으로 끊어지는 경우로 역시 심한 통증과 내출혈을 수반한다.

(2) 응급처치

① 운동전 하퇴근육의 마사지와 스트레칭으로 예방 효과를 많이 볼 수 있다.

② 파열시엔 먼저 냉각처리를 하고 환부를 심장보다 높은 곳에 위치시키는 일이 중요하다.

③ 환부가 심장보다 낮으면 내출혈이 심해져 다음 조치가 곤란하거나 늦어지기 때문이다.

④ 다음은 압박고정하면서 안정을 취하게 된다.

⑤ 수술할 경우 불완전 파열시에는 약 4주간, 완전 파열시에는 약 3~6개월의 치유기간을 필요로 한다.

⑥ 회복기의 직립 보행시에는 처음에는 지팡이 등을 사용하며 환부측 발에 조금씩 체중을 얹어서 보행 연습을 하고 만약 보행이 조금 불편하면 족관절 및 아킬레스건 테이핑을 하면 매우 효과적이다.

20) 염 좌

(1) 원 인

훈련이나 운동시 관절을 무리하게 사용하여 관절을 구성하고 있는 인대, 건, 근막 등의 일부가 찢어지고 끊어지거나 늘어나서 발생한다. 염좌는 주로 사지를 움직이는 관절 즉 발목, 무릎, 손목, 팔꿈치 등에서 자주 발생하며 특히 발목의 발생빈도가 가장 높다.

(2) 증 상

① 환부의 심한 동통과 함께 움직일 때 통증이 증가한다.
② 내출혈과 함께 환부가 부어오른다.
③ 통증이 심할 경우 쇼크가 발생할 수 있다.
④ 환부의 운동기능이 저하된다.
⑤ 강한 외력에 의할 경우에는 탈구, 골절 등 심각한 상태로 진행될 수 있다.

(3) 응급처치

① 안정의 원칙, 냉각의 원칙, 압박의 원칙, 거상의 원칙 및 고정의 원칙에 따라 환자를 처치하고 회복기에 이르러서는 마사지를 실시하면 효과가 크다.
② 재발의 가능성이 높아 자칫 습관성 염좌로 될 염려가 있으므로 초기에 완전히 치유해야 한다.
③ 단순한 염좌가 아닌 골절이나 심한 탈구 등의 의심이 있다면 응급처치 후 빨리 병원으로 후송시킨다.

21) 탈 구

(1) 원 인

관절의 손상이 염좌보다 심하여 관절막이 파열되면서 관절을 이루고 있는 두 뼈의 위치가 이탈된 상태로서, 이탈 정도에 따라 완전 탈구와 불완전 탈구로 구분된다. 탈구의 원인은 간접적 외력, 직접적 외력 및 근육의 견인 등으로 발생되는데, 인대나 관절낭이 일부 또는 전면적으로 파손되고 주위의 혈관, 건, 근육 및 신경 등도 터져 갈라지는 손상을 입는 수가 있다.

(2) 증 상

① 관절선에 변화가 있으며 동통이 연속적으로 나타난다.
② 골두가 이상 부위에서 만져지며 발열하지 않을 때가 많다.
③ 청 · 장년층에 많이 나타나고 근조직내의 혈반이 늦게 일어나기 때문에 명확히 나타나지 않는다.

(3) 응급처치

① 상해관절을 조기에 조정, 냉각시켜 통증을 가라앉히고 부기를 억제시킨다.
② 관절부를 부목의 사용으로 고정시켜, 악화를 방지하면서 병원으로 후송한다.

22) 골 절

(1) 골절의 종류

골절이란 추락이나 강한 외력에 의해서 뼈가 부러진 것을 말하며, 골절의 형태에 따라 구분한다.

① **단순골절** : 피부는 다치지 않고 골절된 경우로 상처부위가 저리고 통증과 부기가 동반된다.
② **복잡골절** : 골절되면서 뼈가 피부 밖으로 튀어나온 경우로 외출혈을 수반하며 특히 세균에 감염되기 쉽다.
③ **복합골절** : 뼈가 여러 조각으로 부러진 골절이다.
④ **피로골절** : 장거리 구보나 행군 등 계속되는 훈련가 운동시에 체중의 무게를 많이 받는 부위(발목, 발가락, 골반 등)의 뼈에 금이 가서 발생하는 골절이다.

(2) 골절의 일반적 증상 및 응급처치

① 증 상

- 심한 통증과 부기가 따르고 압박감이 증가되며 골절부 이하의 가동성이 상실된다.
- 부러진 뼈끼리 마찰되어 소리가 날 수도 있고, 심한 통증으로 인한 쇼크 상태가 올 수도 있다.

② 응급처치

- 불필요한 움직임을 억제시키고 안정하도록 한다.
- 상처의 세균감염 방지에 대한 처치를 한다.
- 출혈시에는 직접 압박지혈법을 실시하고 지혈대는 최후의 수단으로 이용한다.
- 쇼크가 발생하면 이에 대한 조치를 한다.
- 탈구와 골절이 함께 발생되었다면 탈구를 먼저 조치하고 이어서 골절을 조치하는 것이 원칙이다.
- 전문가가 아니면 골절된 뼈를 무리하게 맞추려고 해서는 안된다.
- 골절부위를 자세히 조사하여 빨리 골절부의 상하단부에 부목을 대어 고정한다.
- 응급처치 후에는 바로 병원으로 후송한다.

(3) 하악 골절

① 증 상

- 턱에 심한 통증이 있어 음식을 먹거나 말하기 어렵다.
- 턱의 골절부위가 부어오르거나 곪고 또는 통증이 있다.
- 피가 섞인 침이 흐른다.

② 응급처치

- 환자에게 말을 시키면 안된다.
- 상처를 깨끗이 하고, 하악을 삼각건이나 붕대로 고정한다.
- 입안을 깨끗이 하고 이물질이 기도에 들어가는 것을 막는다.

(4) 두개골 골절

두개부에 외력이 작용해서 두개골에 골절이 발생하는 경우가 있다. 골절의 형태로는 함몰골절이 가장 많고 개방성 골절은 교통사고나 고층에서 추락시에 발생한다. 증상으로는 외상 후 수초에서 수분동안 의식을 잃었다가 깨어난 후 또 다시 의식이 흐려지기 시작하여 점차 정도가 심해지면 혼수상태에 빠지게 된다. 또한 압박감, 두통, 현기증, 구토증을 호소한다.

(5) 비골 골절

비골 골절은 운동시에 빈번히 발생하는데 골절이 되면 코에서 출혈이 심하고 코가 부어서 호흡곤란을 일으킨다. 코가 답답하다고 코를 푸는 행위는 못하게 하고 환자를 바로 앉혀서 입으로 호흡하도록 한다. 그리고 깨끗한 거즈나 수건 등을 코에 대어 준다.

(6) 쇄골 골절

① 증 상

- 상해 부위쪽으로 머리가 기울어져 잇는 경우가 있다.
- 상해 부위쪽 어깨가 축 처져 있다.
- 상해 부위쪽 팔을 어깨 위로 올리지 못한다.
- 골절된 끝 부분이 만져진다.
- 통증과 종창이 있다.

② 응급처치

- 환자를 의자에 앉힌다.
- 환자의 겨드랑이에 패드를 대어 주고 상해 부위쪽 팔꿈치를 구부려 손가락이 반대편 쇄골에 닿을 정도로 하여 고정시킨다.
- 쇄골에 8자형으로 붕대를 감는다.
- 판자를 T자형으로 만들어 등 뒤에 대고 고정시킨다.

(7) 상박골 골절

증상으로는 골절의 일반적 증상이 나타나고 특히 어깨 및 팔꿈치 관절 부의 운동기능이 상실된다.

① 응급처치

- 환자를 의자에 앉히고 골절된 팔을 흉벽에 대어 삼각건으로 매달아 준다.
- 판자 부목을 사용하여 고정한다.
- 쇠줄 부목을 사용하여 고정한다.

(8) 요골(아래팔뼈)과 수관절부 골절

증상은 골절시 일반적 증상이 나타나고 처치로는 손목하부에서 팔꿈치까지 판자를 이용하거나 접은 신문지, 잡지 등을 사용해서 부목을 대어 주고, 상의를 이용하여 팔걸이를 해준다.

(9) 골반 골절

골반의 골절은 매우 드물게 나타나며 골절시 골반의 기능장애로 인한 방광이나 요도손상을 볼 수 있다.

① 증 상

- 골반 부위에 심한 동통이 있고, 움직이거나 기침을 하면 통증이 더욱 심해진다.

- 오줌이 자주 마려움을 느끼고 혈뇨가 발생한다.
- 쇼크의 증상이나 징후가 있다.
- 직접 보행이 불가능하다.

② 응급처치

- 환자를 편한 자세로 똑바로 눕힌다.
- 양쪽 무릎과 발목 사이에 패드를 대어 주고 양다리를 하나로 하여 단단히 묶는다.
- 붕대나 삼각건 등으로 골반부위를 묶어 고정시킨다.
- 배뇨를 금하도록 한다.
- 환자를 빨리 병원으로 후송시킨다.

(10) 대퇴골 골절

① 증 상

대퇴골은 인체의 뼈 중에서 가장 길고 굵으며 또한 가장 단단하기 때문에 상당한 외력이 아니면 잘 부러지지 않지만 골절된 경우에는 누워서 다리를 들 수가 없고 그쪽 다리가 짧아 보이므로 쉽게 알 수 있다.

② 응급처치

- 환자를 편한 자세로 똑바로 눕힌다.
- 복잡 골절시에는 심한 출혈과 쇼크가 예상되므로 이에 대비한다.
- 긴 부목이 있으면 발을 지나 겨드랑이까지 대어 주고 이때에도 패를 대어 단단히 묶는다.
- 부목이 없다면 반대편 다리를 부목을 이용하는데 무릎과 발목 사이에 패드를 대어 준다.
- 부목이 짧은 경우에는 발끝에서 시작하여 부목길이 한도내에서 사용한다.

(11) 하퇴 및 족관절 골절

① 증 상

하퇴에는 두 개의 뼈 즉 경골과 비골이 나란히 있는데 두 뼈가 모두 부러지면 기형이 나타나지만 한 개만 부러진 경우는 기형이 나타나지 않는다.

족관절은 골절과 염좌의 구분이 어려운데 염좌일 경우는 복사뼈의 아래 오목한 부위를 누르면 통증이 있으며, 골절시에는 곧은 뼈가 있는 부분만 통증이 있다.

② 응급처치

- 자연스런 자세로 상해 다리의 발을 고정시킨다.
- 담요나 막대기 또는 반대편 다리나 쇠줄, 부목 등을 이용하여 상해 부위를 고정시킨다.

(12) 슬개골 골절

① 증 상

슬개골 골절은 구르든지 부딪히거나 또는 근육의 손상으로 발생하기 쉬운데 무릎 전체가 현저하게 붓고 통증이 심하며 골절부가 만져지기고 한다.

② 응급처치

- 환자를 편한 자세로 똑바로 눕힌다.
- 둔부나 대퇴 상부에서 발뒤꿈치를 지나는 긴 부목을 대고 고정시켜 베개나 책 등을 쌓아 그 위에 다리를 올려 놓게 한다.
- 부목 후에는 대퇴근의 긴장완화를 위해서 앉아 있는 자세가 좋다.

23) 환자 운반법

(1) 환자 운반의 목적

환자에게 더 많은 손상 및 합병증 예방하고 운반이나 준비하는 동안에 환자에게 피해를 주지 않아야 한다.

(2) 환자 운반시 주의사항

① 응급처치를 한 후에 부상의 정도, 운반도구, 병원까지의 거리 등을 고려해서 운반법을 결정해야 한다.

② 중증인 환자는 운반시 상체를 약간 일으키는 것이 좋다.

③ 골절이 예상되거나 골절된 경우에는 조심스럽고 정확하게 다루어야 하며 특히 척추환자인 경우에는 더욱 그러하다.

④ 안전과 안위를 목적으로 환자를 즉각 이동시켜야 하는 상황을 제외하고는 부상환자를 운반하기 전에 소생술 및 응급처치를 하여야 한다.

(3) 운반법

운반법은 환자의 손상부위와 정도에 따라서 또는 주위에서 구할 수 있는 재료나 장비 그리고 도움을 줄 수 있는 인원수에 따라 결정해야 한다.

① 어깨법

어깨법은 환자를 1인이 운반하는데 가장 쉬운 방법으로 다음과 같은 순서로 운반된다.

- 환자의 안면이 지면으로 가게 돌려 눕힌다.
- 운반자는 환자의 가슴에 양손을 넣어 깍지를 껴 잡는다.
- 환자를 일으켜 세운다.
- 환자의 왼팔(오른팔)을 운반자의 목에 감는다.
- 운반자는 상체를 환자의 가슴쪽으로 약간 구부려 환자의 상체를 어깨에 메고 일어선다. 이때 운반자의 왼(오른)손으로 환자의 왼(오른)손을 잡는다.

② 부축법

부축법은 환자가 의식이 있고 하지에 약간의 상처가 있는 경우에 혼자 또는 둘이 운반하기 유효한 방법이다.

③ 받들기법

받들기법은 짧은 거리(50m 이내)를 운반하거나 들것에 누일 때에 적합한 방법이다.

④ 업기법

업기법은 환자가 운반자의 목을 끌어 안을 정도의 의식이 있는 경우와 그렇지 못할 경우가 있는데, 의식이 없는 경우에는 환자의 팔을 앞으로 잡고 업는 자세를 취해야 한다. 장거리 운반시 효과적이다.

⑤ 끌기법

끌기법은 환자의 팔을 붕대나 삼각건으로 묶어서 그 속으로 운반자의 머리를 넣어 목으로 환자를 끌어 운반하는 방법과 담요, 시트, 타올 등의 위에 환자를 실어 이끌어 운반하는 방법이 있다. 그러나 척추 및 골반 등의 환자는 이 방법을 금한다.

⑥ 가마타기법

가마타기법은 의식이 있는 환자 운반에만 사용한다. 왜냐하면 환자는 운반자의 목이나 어깨부분을 잡아 몸의 균형을 유지해야 하기 때문이다. 머리나 다리의 환자를 50~300m 정도 운반하는데 효과적이다.

⑦ 의자 운반법

의자 운반법은 좁은 계단이나 길에서 걸을 수 없는 환자를 의자에 앉혀서 운반하는 방법이다.

⑧ 들것 운반법

환자 운반법 주에서 가장 안전한 방법이다. 급조 들것으로는 문짝이나 넓은 판자를 이용하거나 우의, 천막에 긴 막대기 등을 이용하여 만든 들것을 사용하여 환자를 운반하다.

제6장

국방체육의 발전방향

1. 국방체육 실태
2. 국방체육의 발전방향

제6장 국방체육의 발전방향

1 국방체육 실태

국방체육을 관장하는 기구와 조직은 창군 당시에는 체육을 담당할 기구가 없었으나 1948년 12월 국방부 직제가 공포되면서부터 국방부 인사국내 교육과가 설치되고 체육업무를 담당하게 되었다. 1973년 3월 대통령령 제6527호에 의해 인사국에 체육진흥 담당관실을 두게 되었고, 1975년 8월에는 대통령령 제7769호에 의한 행정기구 편제 축소정책에 따라 인사근무과 내에 체육과를 두어 현재까지 이어지고 있다. 현재 육·해·공군의 인사참모부 인사근무처가 주관부서이다.

각 군의 체육규정에 따라 운영되고 있는 현실태를 살펴보면 체육전문가가 실무자가 아니라는 사실이다. 대부분 비 체육전공자이며 체육분야의 보수교육을 받지 않은 실정이다. 적어도 정책부서의 체육분야 담당자라면 체육부대에 입소하여 국방체육에 대한 기초적인 사실에 대해 연구 하고 임무를 수행해야만 국방체육의 발전을 기대해볼 수 있을 것이다.

일부 체육 자문위원회를 구성하여 부족한 학문적, 체육 정책적 미흡사항을 보완하고 있으나 구성인원이 사회 체육관련 협회장 및 학자로서 군에 대한 이해 부족과 군 체육의 특수성에 대한 이해에 있어서는 부족하다고 볼 수 있으며 외국군의 군 체육학교를 통한 체육지도 및 연구와 비교할 볼 때 군의 체육정책 및 체육발전에 관한 주요 업무를 수행함에 있어 제한된다고 볼 수 있다.

국방체육은 전, 평시 제반 상황하에서도 생존 및 전투에 승리할 수 있는 장병 전투 체력 관리와 건강의 유지, 증진과 신체발달의 조장 촉진 및 쇠퇴방지억제 등에 부각하여 저항력의 증진, 활동, 능률의 향상, 건강미의 발휘를 목적으로 하고 있다.

군인은 정규시간, 과외, 특별체육활동시간, 부대단위 체육대회를 통하여 연간 200여 시간을 실행하도록 계획되어 있다. 시간상으로는 체력단련할 시간이 턱없이 부족할 수 없겠지만 개인의 취미와 능력에 따라 자유시간을 활용한다면 좋은 결과도 얻을 수 있다. 그렇지만 사회에서 체계적으로 운동을 배우지 아니하고 영내에서 할 수 있는 운동은 무척 제한적일 수 밖에 없다. 실제 간부가 직접 병사들을 이끌고 체력단련을 하지 않는 이상 병사들 개별로 체력단련하는 시간은 제한적이며, 운동종목 또한 태권도, 웨이트트레이닝, 구보 등 전투체육 위주로 하고 있어 개인별 취미와 능력에 따라 단련할 수 있는 분위기는 아니라는 것이다.

현재 주5일근무 시행으로 장병복지가 개선되어 개인의 발전을 도모하고 다양한 동아리 활동을 보장하고 있으나, 주로 어학, 독서 등으로 활용하고 있으며 체력증진과 같은 행동으로 이어지지 못하고 있는 단점도 있다.

2 국방체육의 발전방향

군은 조직화된 집단 가운데 가장 규율이 엄하고 개인활동 보다는 집단활동이 강조되며 긴장되고 절제된 생활을 요구하는 조직이다. 따라서 고도로 조직화되고 통제된 군대조직에서 복무하는 군 장병들의 생활은 긴장, 절제, 임무, 책임, 강제가 따르기 마련이고 일반사회에 비하여 상대적으로 단순하고 규격화 되어 있다. 이에 따라 각종 정신적, 신체적 질환과 스트레스, 욕구불만 등을 초래할 수 있는 기능을 내포하고 있다. 이러한 점을 해결하기 위해 장병들의 체육활동을 권장하고 있다.

체육활동이 군 집단에서 존재하는 정당성은 군 집단을 구성하는 개인, 집단 그리고 군 전체를 위하여 바람직한 역할을 지니고 있기 때문이다. 최근 군 체육활동에 관심을 갖는 가장 큰 이유는 근본적으로 체육활동에의 투자는 이에 상응하는 이익을 기대할 수 있기 때문이다. 군은 평소 전력 극대화를 추구하고 있기 때문에 체육활동을 통한 장병들의 행동 변화는 어떤 형태로든 군 전력향상과 직결되지 않을 수 없다. 또한 군의 입장에서 볼 때, 장병들의 건전한 체육활동은 병영을 명랑하게 하고 일에 집중하게 하며 군사훈련에 준하는 간접적 효과를 경험하게 해 준다.

국방체육활동을 지속적으로 참여시키기 위해서는 다양한 요인들이 있지만 가장 먼저 개선해야할 요인은 물리적 환경요인이며. 그중에서도 시설만족도가 중요하다.

1) 체육시설의 개선

군 체육 시설의 선진화를 위해서는 공간의 최적 활용을 고려한 구조화된 시설의 배치와 더불어 장병들이 편안하게 이용할 수 있는 군 체육을 위해 최적화되어야 한다. 특히, 군 체육 목표 수행을 최적화 할 수 있는 공간으로서의 시설 보유 여부가 근본적으로 충족되어야 함이 그 전제가 된다. 현재 보유한 시설에서도 냉, 난방 시설, 실내 종목에서의 채광, 환경적 요인도 중요하게 작용하고 있어 이러한 문제점들을 우선적으로 고려해야 최소한 비용과 노력으로 최대의 효과를 얻을 수 있다.

군 부대에 인접한 국, 민영의 체육시설을 장병들이 보다 원활히 사용할 수 있도록 제도가 발전되어야 한다. 이는 장병에 맞는 맞춤식 시설 및 기자재를 공급하는 하나의 대안이 될 수 있으며, 이러한 대안 시설 방안들은 장병들의 여가활동을 통한 전 장병의 체력 증진과 선진 병영에 맞는 군 복지의 향상을 기대할 수 있다. 그러나 체육시설에 대한 장병들의 만족도를 증가시키기기 위해서는 보다 효율적인 장병들의 체력관리 및 운영체계, 프로그램 공급이 유기적으로 이루어져야 할 것으로 판단된다.

이러한 점을 활성화시키기 위해서는 체육전문가 집단을 육성할 필요가 있으며 전문기관과 양해각서를 체결하여 보수교육을 지속적으로 수행해야만 시대적 변화와 군 체육환경의 발전이 병행되어야 군에 요구하는 강한 선진국의 장병을 육성을 할 수 있을 것이다.

2) 체육훈련 프로그램 개발

군 체육활동의 근간이 되는 체력 향상을 위한 프로그램이나 평가에 대한 고려가 반드시 필요하다. 건강관련체력에 대한 장병들의 관심을 고려한 체계적이고 합리적인 체력훈련 프로그램의 개발이 시급하다. 또한 컴퓨터 프로그램 등을 활용한 과학적 체력평가 시스템을 도입함으로써 시간과 비용을 절감할 수 있을 것이다. 또한 영양 및 식이요법과 관련된 요인을 동시에 고려할 수 있는 체육활동 프로그램이 발전되어야 한다.

장병들의 체력 증진 및 군 전투력 창출을 위한 다양한 체육활동 프로그램, 즉 다양한 스포츠 종목을 도입하고 전파하여야 한다. 또한 민간 동호회와 적극적인 교류를 통해 군 체육을 활성화 시켜야 한다.

제7장

15주간 체력단련프로그램 단계적 학습모형

1. 체력단련프로그램 학습 적용 필요성 및 목적
2. 측정내용 및 방법
4. 교수 · 학습 설계
5. 교수 · 학습방법 적용

제7장 15주간 체력단련프로그램 단계적 학습모형

1 체력단련프로그램 단계적 학습 적용 필요성 및 목적

1) 체력단련프로그램 단계적 학습적용 필요성

국방체육의 교육목표는 군인기본자질과 전투수행능력을 구비한 강인한 전투원 육성에 두고 초급 장교 및 부사관 으로서 부대지휘능력을 겸비한 간성을 배출하고 더 나아가서 고급장교로서 계속 발전할 수 있는 자질을 함양하기 위한 것이다. 이를 구현하기 위해서는 부사관(군사학),경찰계열학과 학생들은 지성과 품성 강인한 체력과 정신력을 길러야한다. 이중에서 강인한 체력을 기르는 것은 교육목표를 실현하기 위한 가장 기초적인 필수조건이라고 할 수 있다. 대학 2-4년간 편성된 기초적인 체력단련 수업만으로는 부사관(군사학), 경찰계열학과 학생들의 임관평가 대비 체력검정종목 합격등급 수준에는 턱없이 부족한 실정이다.

2020년부터는 기존의 체력평가3종목 부대측정에서 각 지역 국민체력인증센터인 증서로 대체된다. 체력측정 지원 및 평가 절차는 체격측정과 체력측정 6개 항목으로 변경된다. 부사관과 학생 체력단련 학습과 관련된 문제점을 살펴보면 다음과 같다.

첫째 부사관과 2년간 재학 중 총3-4개 학기 국방체육(체력단련) 시간에 전공핵심 과목으로 각 2-4H 수강, 학년별 체력등급 기준인 1학년은 4급, 2학년은 3급 목표를 제시하여 종목별 목표에 도달하는 형식으로 진행되고 있다. 이는 개인의 체력수준과 운동처방을 통한 학습방법이 아니고서는 체력향상에 큰 성과를 얻는데는 한계가 있다. 급수향상을 위한 보다 체계적이고 과학적이고 체력단련 프로그램 단계적 학습모형의 교수학습 방법이 절실히 요구되었다.

둘째는 대학 생활 중 부사관(군사학), 경찰계열학과는 체력단련 교육과정 수업외 학과특성을 고려 아침, 저녁으로 체력단련이 별도 실시되어야 하는데 현재로서는 개인 주거 환경 상 단체생활이 제한되므로 미실시하고 있는 실정이다. 이러한 점을 개선하기 위해서는 입학하는 부사관(군사학), 경찰계열학과 신입생 전원기숙사 생활을 의무적으로 하도록 제도적으로 개선이 필요하다. 군사학(경찰학)전공 학문탐구와 아침, 저녁 체력단련, 자격증 공부 등 개인 교육, 주거 환경을 제공 바쁜 학사일정 속에서도 부사관(군사학), 경찰계열학과 학생 개개인이 흥미롭고 쉽게 운동과 학습을 접할 수 있는 훈육 프로그램 수립과 제도적 뒷받침 하에, 교육목표에 부합된 맞춤교육, 체력단련프로그램을 적용한 학습으로 강인한 체력과 지식을 겸비한 장교, 부사관, 경찰관을 배출하는 것이다. 단순한 체력검정 종목에만 국한된 운동을 시키는 것이 아니라 신세대 장병들이 가장 쉽고 즐겨하는 운동을 포함한 체력단련 프로그램은 또 다른 체력요인으로 기초체력이 향상될 수 있는 방법이므로 야전에서 강한 체력으로 부하를 지도할 수 있는 능력과 자질을 갖춘 우수한 장교, 부사관, 경찰관으로 임관(임용)시키는 것이 궁극적인 목적이며. 더 크게는 우리 군 · 경찰이 필요로 하는 국가안보관, 사명감이 투철하고 강한체력 향상을 목적으로 하고 있으며 이를 통해 장교, 부사관, 경찰임관(임용)을 준비하는 학생들에게 도움을 주고자 한다. 이 프로그램은 현행 군체력측정 종목과 2020년부터 군체력평가 방법에 개선 적용되는 국민체력 100 인증 7개 측정분야에 맞추어 맞춤형 체력단련 프로그램 단계적 학습 적용이 필요하다.

2) 체력단련 프로그램 단계적 학습 적용 목적

2019년 현재 육군은 장병 기초체력향상을 위해 각급부대에서 전투력과 직결되는 체력단련을 노력하여 신세대 장병의 체력수준을 향상시키고 있다. 그 일환으로 년1회 육군체력검정종목인 1.5km달리기, 윗몸일으키기, 팔굽혀펴기 등 3개 종목에 대해서 연령과 성별에 맞는 기준을 마련하여 장병체력 향상을 위하여 실시하고 있다. 최근 국방부에서는 2020년부터 각 군 장교, 부사관 모집 체력단련 평가요소를 국민체력 100인증센터에서 체력인증 후 인증서 제출 시 체력평가 배점에 반영 선발평가 방법을 개선 적용 한다. 이러한 시대적 흐름에 따라 국민체력 100인증센터에서 실시하는 요인별 체력측정 7개 분야를 15주간 체력단련 프로그램에 맞춤형으로 실시하여 우수한 체력인증을 받는데 학습목적이 있다. 또한 대다 수 부사관(군사학)과 학생들은 바쁜 학사일정과 시·공간적 여건이 내무생활이 의무인 각 군 사관학교, 경찰대생과 비교하여 매일아침, 저녁 체력단련을 할 수 있는 환경이 제한되는 실정이다. 자대에서는 초급간부의 체력이 뒤떨어져 부대임무수행에 지장을 초래할 경우 부대 전투력에 직결되는 직접적 영향을 미치는 결과를 초래할 것이다. 따라서 15주간 체력단련 프로그램의 단계적 수업적용을 통해 군, 경찰 간부를 준비하는 학생들 체력인증 향상에 도움을 주고자 한다. 프로그램 효과가 검증되고 공저가 완성되면 전국 군사학(부사관)경찰계열학과 설치대학에서 체력단련수업에 보다 쉽게 적용할 수 있도록 프로그램 기초자료를 제공하고 보급하는데 그 목적이 있음.

3) 이론적 배경

(1) 군 체력관리의 중요성

군은 유사시 전쟁에 대비하여 전쟁을 억제하는 조직이다. 군 개인 및 부대의 전투 능력을 유지하고 평가하는 것은 국가방위의 중요한 요소 중의 하나이며 모든 군조직의 주요 관심사이다. 특히 전투에서 자신의 임무를 지속적으로 효율적으로 수행하는 것은 중요한 일이며, 전쟁에 나가 싸우는 군인에게 필요한 것은 강한 육체와 정신이다. 이러한 강한 육체와 정신의 근간이 것이 체력(physicil fitness)이다. 군인에게 있어서 체력수준은 전투 즉응력과 직접적인 관련이 있으며 과거 많은 전투에서 체력의 중요성을 강조해 왔다. 체력에 대한 지대한 관심은 규칙적인 체력단련프로그램 참가의 효과에 대한 많은 연구를 수반했다. 결론은 그런 프로그램이 개인의 삶의 질을 향상시키고, 생산성을 개선하며, 긍정적인 신체적·정신적 변화를 가져온다는 것이다. 따라서 체력의 개념을 이해하고 군인에게 요구되는 체력이 무엇인지를 이해하는 것이 매우 중요하다.

(2) 군 체력의 개념 및 특성

「군체력의 개념을 살펴보면 기초체력과 전투·일반체육으로 구분되어 장병들의 체력능력을 구비하고 있다. 기초체력은 장병들의 신체적 훈련단계로 행동 체력분야의 근력, 순발력, 근지구력, 전신지구력, 유연성, 민첩성, 평형성을 들 수 있고 전투·일반 체육은 전투기술훈련 단계로 전면체력분야의 전투상황 적응에 필요한 전투체육과 각종 운동 경기의 일반체육이 포함된다. 또한 정신적 행동력(의지·판단·의욕과 정신력 강화의 부수적인 효과를 얻을 수 있는 개념」이라 정의할 수 있다. 야전교범체육, 2002), 군 체력단련은「강한 전사」를 육성하는데 있으며 그 내용과 방법에 있어 사회의 일반체육과 다른 점이 많다. 따라서 강인한 체력단련 부대전투수행 능력향상과 직결됨으로 모름지기 군 체력단련은 부대전투수행 능력향상과 직결됨으로 모름지기 군 체력단련은 아래내용과 같은 특성을 구비하여야 한다.

① 전체 단위로 부대전원이 체육활동에 참가
② 장소는 (연병장, 산악, 하천, 전답야지 등)구애됨이 없이 체력단련실시
③ 전투체력단련과 소부대 응집력, 인내심의 배양
④ 단체 경기시 전투상항을 간접적으로 체험 전체단위 작전구상 및 지휘
⑤ 전투체질화 달성 및 왕성한 군인정신배양 (군야전교32-6, 체육 2002)

(3) 군 체력검정의 변천과정

① 군체력검정시점

군(軍)에서 장병들의 건강과 체력관리는 전투력 향상에 가장 큰 요체로 과거 때부터 지금까지 중요성에 대해서는 변함이 없다. 그러나 장병들의 체격은 급격한 향상을 가져온 반면 체력은 이를 뒷받침하기가 어려운 현실로 시대적 변화에 맞는 장병체력관리의 합리적 운영과 체력향상의 효율성을 기하기 위하여 군 체력검정은 다음과 같이 변천 하였다. 국군체육부대(1998) 1964년 2월 11일 국방부에서 국방훈령 제1호를 통하여 군 체력검정 역사가 시작 되었다. 당시 측정종목을 간략히 소개하면 다음 〈표 1〉과 같다. 1968년 국방부에서 각 군별 표본조사를 통해 실시한 군 체력 검정결과를 살펴보면 측정항목별로 평균값은 100m달리기 16.0초, 제자리넓이뛰기 219cm, 턱걸이 5.3회, 2000m 달리기 8분11초, 수류탄던지기 36m, 팔굽혀펴기가 29회, 누워허리굽혀펴기 38회였다.

〈표 1〉 국방훈련71호(군 체력검정. 1964년 제정)

<table>
<tr><th colspan="2">구분</th><th>내용</th></tr>
<tr><td colspan="2">중점체력요소</td><td>전신지구력, 순발력, 근지구력</td></tr>
<tr><td rowspan="3">종목</td><td>구분</td><td>종 목</td></tr>
<tr><td>필수종목</td><td>100m달리기, 제자리 넓이뛰기, 턱걸이</td></tr>
<tr><td>특수종목</td><td>2000m달리기, 수류탄 던지기,
누워허리굽혀던지기, 팔굽혀펴기,
공던지기, 사냥나르기</td></tr>
</table>

체력검정 종목 및 평가기준이 20년 이상 경과 되어 오면서 검정종목의 재선정 및 평가기준치의 재설정 필요성이 제기 되었다.이에 대해 국방부는 국군체육부대를 통하여 1986년 군 체력검정종목 검토, 1987년 장병 체력측정 과정을 거친 후 국방훈령 397호 통해 1990년에 다시 군 체력검정 제도를 개선 시행하게 되었다. 개선 이유는 생활수준향상에 따른 장병들의 체격향상 및 변화에 대한 적용과 그간 연령별 차이를 두지 않았던 평가기준에 차등평가 기준을 제시함으로써 상대적으로 불리했던 장년층의 불만해소 군인사법 개정에 따른 정년연장으로 새로운 검정기준치의 설정과거 체력의 일부요소 측정에만 국한되어 있던 체력검정을 행동체력에 중점을 둔 측정이므로 변화하게 되었다.

〈표 2〉 국방훈련397호(군 체력검정.1990년 개정)

구분	내용
측정횟수 및 시기	년1회(4월 ~ 8월)
중점	행동체력검정, 연령별 차별화된 기준치 적용
종목	100m달리기, 제자리멀리뛰기, 턱걸이, 윗몸일으키기, 1.5km달리기

군 체력검정을 시행하면서 그 제정당시의 좋은 취지를 상실함은 물론 유명무실한 제도로 변질되고 말았다. 불합격자나 불응시자에 대한 아무런 사후조치가 없었으며 아예 실시하지 않는 경우와 실시하더라도 관대한 봐주기식 평가 등 군

체력 검정의 공정성의 문제내지는 기준치 재설정의 필요성이 요구되었다. 국방부에서는 전투력의 바탕이 되는 체력의 중요성에 대한 우리군의 각성과 장병 체력증진을 목적으로 선진각국의 군 체력검정제도에 대한 종합적인 검토와 우리군의 실정에 맞는 전투체력에 필수적인 요소들을 도출하여 21세기를 맞는 선진국군, 강한 국군을 만들기 위한 새로운 군 체력검정제도를 적용하였다.

② 현행 군 체력검정 제도

1996년 9월 세간에 떠들썩했던 강릉 잠수함 침투사건에서 추위와 산악행군, 수면부족, 극도의 긴장감이 지속되는 전장마찰 상황속 에서도 고도의 훈련된 북한 특수대원들의 기동력은 예상을 초월 하였다.당시 작전종결 후 우리 군에서는 장병들의 체계적인 기초체력단련의 필요성을 절감하였고 극한상황 추위, 수면부족, 전투스트레스 산악행군 극복능력배양의 필요성이 제기되었다(국군체육부대 1998). 입영하는 신세대용병, 초급간부 체격은 과거에 비해 향상된 반면 학교체육이 비정상적으로 운영되고 있는 현실 속에서 성장한 탓에 체력적 열세를 면치 못하고 있다. 또한 우리군의 간성인 중견 간부계층에 있어서도 업무 과다와 실천의지 부족 등으로 급격한 체력저하를 경험하고 있다. 외국군의 경우 장병체력활동은 교육훈련의 핵심요소중의 하나로 시행되어오고 있는 반면에 군에서는 체력단련에 대한 체계적 노력이나 관심 부족 등으로 소홀히 취급 되었다. 국방부에서는 신체적으로나 정신적으로 건강하고 강한 전투체력을 유지 발전시키는 것이 급선무임을 인식하여 새롭게 군 체력검정 제도를 개선 강화하게 되었다. 현행 군 체력검정제도를 살펴보면, 〈표 3〉과 같다.

〈표 3〉 현행 군 체력검정 제도(군 체력검정. 1999년 시행)

구분	내용
중점	행동체력검정, 연령별 차별화된 기준치 적용
측정횟수 및 시기	매년(4월~6월) 불합격자2회재측정기회부여 ※2차 불합격자 인사관리에 반영
측정종목	팔굽혀펴기(2분간)윗몸일으키기 (2분간), 1.5km달리기

현행 군 체력검정의 가장 큰 변화로는 체력이 여러 요소 가운데 전투와 군인의 임무수행에 가장 필수적인 체력요소들이 무엇인가에 대한 분석 후 최소한 필수체력 요소들만을 선정함으로써 과거에 비해 측정종목이 대폭 단순화되었다는 것이다. 기존의 5개 종목에서 3개 종목으로 축소됨 으로 해서 측정의 용이성과 시간적 경제성을 높였다. 또한 과거 군 체력검정이 종합점수제인 데 반하여 현행군 체력검정에서는 종목별 합격제를 적용하여 측정하고 있다. 또한 장교 및 부사관 모집과정에서도 2019년 현행 육군체력검정제도를 적용하여 종목별 등급별 점수를 부여하여 선발하고 있다.

③ 군 체력평가 방법 개선 적용(2020년 적용)

체력평가를 부대평가에서 문체부 산하 국민체육인증센터 인증서 대체, 개선 적용 내용은 육군본부에서 2019년 모집요강에 안내하였다. 다음과 같은 적용 절차는 〈표 4〉 과 같다.

〈표 4〉 군 체력평가 방법 개선 적용 절차(2020년 적용)

국민체력인증센터 의 체력인증서 취득(1-3급)	⇒	간부선발 전형에 인증서 제출(全신분가능)	⇒	서류전형으로 반영 · 평가

체력인증센터에서 공인인증서(1-3급) 취득 후 선발과정별 서면 제출해야 된다. 서류 인증제 유효기간은 면접일 기준으로6개월 이내 발급된 인증서를 제출한다. 체력측정 결과 반영은 인증급수에 따른 차등 점수제를 반영할 것이다.

(4) 근력

근력은 특정속도에서 단일수축으로 생성되는 최대 힘으로 정의 6 ~10초 짧은 기간 동안 발휘되는 힘이다. 근이 강하면 운동에 여유를 가질 수 있고 자신있는 바른 동작이 되어 일정한 자세를 형성할 수 있기 때문에 힘의 분배가 용이하여 피로가 적고 능률을 올릴 수가 있다(군체력관리론, 2013, 서성혁).

(5) 근지구력

장기간 동안 최대한 힘을 반복적으로 발휘하는 근육군의 능력의 정의(군체력관리론, 서성혁, 2013), 근력이 최대 저항이나 압력을 극복하고 반복해서 움직일 수 있는 능력 또는 시간의 흐름에 따라 장력을 유지할 수 있는 근육의 능력을 말한다. 근지구력은 동적 근지구력과 정적 근지구력으로 구분되며 동적근지구력은 어떤 근 작업에 의해 가도의 변화 없이 근의 수축과 이완을 반복할 수 있는 능력이며, 이때의 평가기준은 최대 지속시간이다.

정적 근지구력은 일정 부하에 대하여 근 수축을 지속할 수 있는 능력이고, 이때의 평가 기준은 최대 지속시간이다. 전자의 경우에는 활동 근으로서의 혈액유입과 순환에 의한 산소 및 에너지 공급능력과 밀접한 관련이 있다.

후자는 근수축의 형태가 등척성 수축으로서 운동 시 수축근의 혈액유입이 제한되므로 근의 에너지 저장과 동원능력에 의해 그 크기가 좌우된다. 따라서 근지구력의 측정 시에는 이 두가지 요소가 모두 고려되어야 한다(정성태, 1994). 근지구력의 측정종목은 윗몸일으키기, 팔굽혀펴기, 턱걸이, 물구나무서기 등이 있다.

(6) 심폐지구력

심폐지구력은 전신지구력이라고도 하며 운동을 얼마나 오랫동안 지속시킬 수 있는가 하는 능력을 의미한다(Astrand & Rodahl,1986). 심폐지구력은 건강관련 체력의 구성요소 중 가장 중요한 요소로써 심혈관지구력, 유산소 지구력, 그리고 심폐체력이라는 용어로도 사용되며 신체활동을 지속하는 동안 산소 및 영양소를 공급하는 순환계(심장, 혈관, 혈액) 및 호흡계 능력과 근육이 연료를 사용하는 능력으로 정의하고 있다(군체력관리론, 서성혁, 2013).

(7) 유연성

유연성(flexibility)은 정적, 동적 상태에서 관절의 가동범위와 근육이나 관절주변조직 인대, 힘줄 등의 신장능력에 의해 결정되는 것으로 정확하고 부드러운 움직임을 일으키는 능력을 말한다. 이러한 유연성의 중요한 역할은 운동의 효율성 증진과 상해를 예방하는데 있다. 유연성을 평가하는 방법에는 서서 윗몸 앞으로 굽히기, 앉아서 윗몸 앞으로 굽히기, 엎드려 윗몸 뒤로 젖히기 등이 있다. 유연성을 유지하거나 증가시키기 위해 적용하는 스트레칭 기술은 보편적으로 정적 스트레칭(static stretching), 동적 스트레칭(Dynamic stretching)으로 나눌 수 있다. 자신의 신체 중 특히 어느 부위의 유연성이 부족한 지를 파악하여 그 부위의 스트레칭을 전체적인 스트레칭에 더하여 집중적으로 실시하는 것은 유연성 부족을 해소하는 데 큰 도움을 준다. 최근 유연성 증대와 심신 안정을 위해 실시하는 요가운동이나 필라테스는 정적 스트레칭인 동시에 간헐적 동적 스트레칭의 조화를 통해 근육의 강도를 증가시키고, 자세를 바르게 하는데 효과적인 운동 방법이다.

(8) 민첩성

민첩성(agility)은 운동의 방향을 신속히 바꿀 수 있는 능력을 의미하며, 농구선수의 경우 직선적인 단기리 달리기보다는 감속과 방향을 전환할 수 있는 능력이 중요하기 때문에 민첩성을 기를 수 있는 훈련이 필요하다. 균형을 잃지 않고 재빠르고 정확하게 방향과 속도를 바꾸는 능력을 기르기 위해서는 왕복달리기, 지그재그 달리기, 사이드 스텝 등의 민첩성 운동이 필요하다.

(9) 순발력

순발력(power)이란 아주 짧은 시간에 최대의 힘을 발휘하기 위한 근신경계의 능력으로 순발력 = 힘 x 속도이다. 또한 던지기, 높이뛰기, 멀리뛰기, 단거리 달리기 등 한정된 시간내에 빠르고 정확하게 수행할 수 있는 능력을 말한다. 이러한 순발력은 근력 적응 단계에서처럼 무게를 늘리거나 같은 무게의 경우 운동속도를 증가시키면 순발력이 증가한다.

(10) 단계적 학습

단계적 학습이란 어떤 것을 배울 때 순서대로 차근차근 배우고 익히는 능력을 말한다. 예를 들어 어떤 운동이나 요리, 운전을 배울 때 혹은 수학문제를 풀거나 악기를 배울 때 단계적 학습은 중요한 역할을 한다. 물론 유아기 아이들의 기초학습에 많이 활용되는 학습법이긴 하지만, 단순 반복을 요하는 유아기 어린 이들의 반복학습과 유사한 개념을 가진 기초적인 운동수행과정에서도 활용가능성이 높다고 볼 수 있다(송준화, 2008).

2 측정내용 및 방법

1) 측정내용

15주간 체력단련 프로그램 단계적 학습모형 수업적용이 부사관(군사학), 경찰계열학과 학생 국민체력100인증 요인별 체격, 체력 측정분야 7개항목에 대한 국가공인 인증 측정을 실시한다.

2) 측정방법

(1) 교육대상

본 프로그램 교육대상은 군 간부 및 경찰을 준비하는 학생(생도), 일반인을 대상으로 신체적 특성을 다음<표4>과 같이 국민체력 100인증 분야별 측정항목 학습에 참가한 인원들의 신장, 체중, 체지방율, 신체질량지수(BMI)를 국민체력 100 인증센터에서 측정함으로서 신체적 특성 및 국가공인체력을 인증 받을 수 있다.

〈표 5〉 신체적 특성(예)

연령(세)	신장(cm)	체중(kg)	BMI(kg/㎡)
21.43	170.81	71.31	24.47

체질량 18.5이하 저체중, 23~25 과체중, 25~30비만, 30이상은 고도비만

(2) 종목별 측정방법

본 학습의 목적달성을 위해 다음과 같은 방법으로 15주간 적용전(1-2주차), 적용중(8주차), 완료후(15주차) 총3차에 걸쳐서 국민체력100 인증센터에서 기록을 측정하여 인증 기록을 분석하고 관리한다. 단 센터여건에 따라서 년간 2회 학기당 1회 인증도 가능하다. 가능함 15주간 2회 인증을 권장한다.

① 근지구력

본 측정에서는 교차윗몸일으키기(국민체력100인증 측정항목)와 팔굽혀펴기를 측정 하여야 한다. 먼저 교차윗몸일으키기는 기구에 반듯이 누운 자세에서 무릎을 90°도 구부린다. 양손을 쇄골부위에 교차 위치하며 상체를 일으켜 양팔꿈치가 구부린 무릎에 완전히 닿았을 때를 1회로 간주, 그 후 다시 전자세로 돌아 갈 때 양어깨가 윗몸일으키기대 바닥에 완전히 닿도록 한다. 1-2분간 실시한 횟수를 기록한다. 팔굽혀펴기 측정은 높이 30cm의 팔굽혀펴기바를 잡고 엎드린 상태에서 팔을 굽혀 가슴부위가 봉 중앙에 설치된 공에 닿도록 내려간 후 다시 시작상태로 올라오면 1회 인정 된다.

〈그림 1〉 체력측정도구

팔굽혀 펴기	교차 윗몸 일으키기(국민체력인증 100)

② 근력

본 측정에서는 상대악력(국민체력100인증 측정항목)을 측정해야 한다. 손잡이가 맞지 않을 경우 알맞게 조절나사를 조절한 뒤 팔를 곧게 펴고 몸통과 팔을 15° 유지하면서 악력계를 잡고 최대한 힘을 주어 5초간 힘껏 잡아당긴다.

〈그림 2〉 체력측정도구

상대악력(국민체력인증100)	
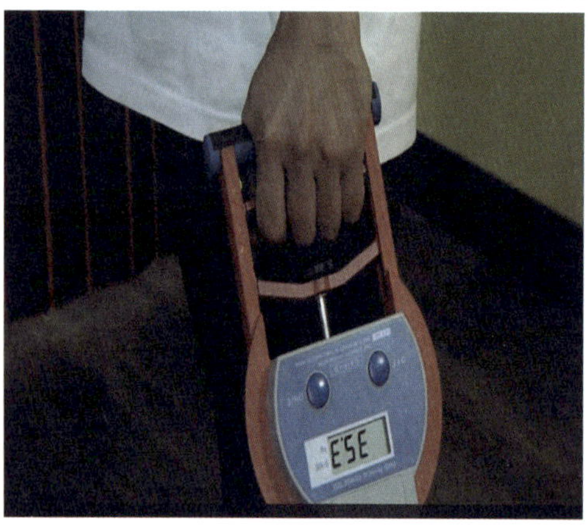	

③ 심폐지구력

본 측정 에서는 1.5km / 20m왕복 오래 달리기(국민체력인증 항목)를 선택하여 측정할 수 있다. 1.5km 오래달리기는 100m와 동일한 방법으로 계시하고 보조원과 기록원을 구성하여 코스를 이탈하거나, 측정거리가 달라지지 않도록 개인별 정확한 기록측정이 될 수 있도록 하였으며 기록은 초 단위로 측정하여야 한다. 20m 왕복 오래 달리기 측정방법에서 '출발' 신호에 맞춰서 피검자는 출발한다. 피검자는 신호음이 들리기 전에 20m 거리를 가로 질러 달린다.

신호가 울리기 전에 반대편 라인에 도달한 피검자는 신호가 울릴 때까지 기다려야 한다. 신호가 울리면 반대쪽 라인 끝을 향해 달린다.

신호음이 울리기 전에 라인에 도달하지 못했을 경우에는 최소 1회는 신호가 울릴 때 방향을 바꾸어 달릴 수 있다. 그러나 두 번째로 신호음이 울리기 전에 라인에 도달하지 못 한 경우에는 탈락이 된다. 같은 방법으로 두 번째 신호음이 울리기 전라인에 도달하지 못할 때 까지 왕복달리기를 계속 실시한다. 피검자가 탈락되기 이전의 실시한 최대 횟수를 측정단위로 기록한다.

〈그림 3〉 체력측정도구

1.5km 달리기	20m왕복오래달리기 (국민체력인증100)

④ 유연성

본 측정에서는 앉아서 윗몸 앞으로 굽히기(국민체력인증 측정항목)를 측정하여야 한다. 피검자는 신을 벗고 양발바닥이 측정면에 완전히 닿도록 무릎을 펴고 바로 앉는다. 측정기구위에 손바닥이 닿고 무릎을 구부리지 않도록 하여 상체를 숙여 최대한 안으로 멀리 뻗는다.

〈그림 4〉 체력측정도구

앉아서 윗몸 앞으로 굽히기 (국민체력인증100)	
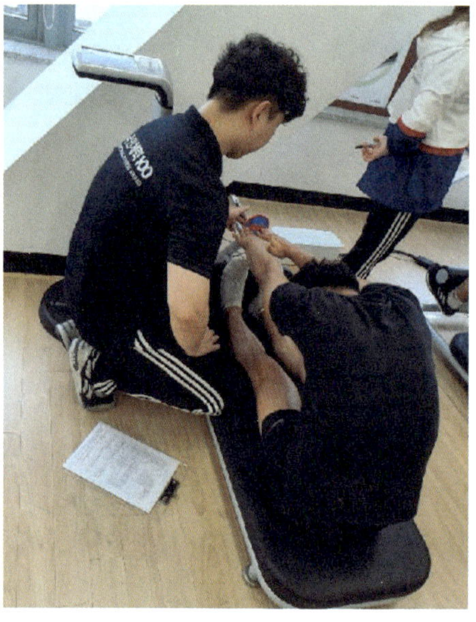	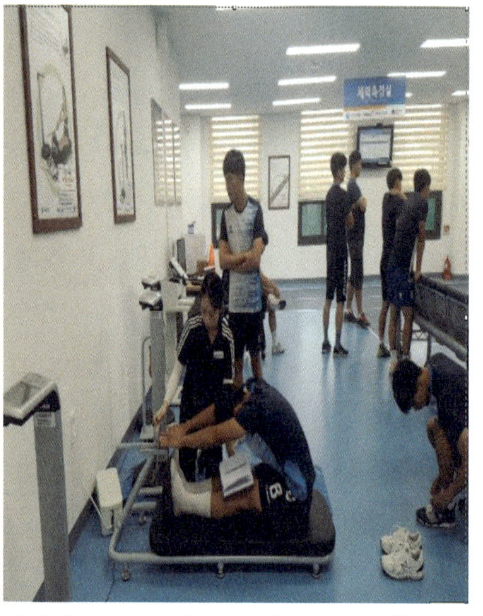

⑤ 민첩성

본 측정에서는 10m 왕복달리기(국민체력인증 측정항목)를 측정하여야 한다. 10m 간격으로 터치식으로 실시한다. 왕복2회 실시하며 0.1초 단위 측정한다.

〈그림 5〉 체력측정도구

10m 왕복달리기 (국민체력인증100)

⑥ 순발력

본 측정에서는 순발력 제자리멀리뛰기(국민체력인증 측정항목)를 측정할 수 있다. 출발선에서 발 구름판 위에서 10-20cm 다리를 벌리고 힘 것 앞으로 뛴다.

〈그림 6〉 체력측정도구

제자리멀리뛰기(국민체력인증100)

(3) 단계적 체력 측정간 상식 및 안전지침

① 체력검정 시간은 일반적으로 오전09:00, 오후14:00에 시작하는 것이 좋다. 각 시간대별 장단점이 있는데, 오전은 신체 활성도가 낮으며 기온이 상대적으로 낮아 1.5km유리하고 오후에는 신체일주기 리듬이 활성화 되어 각종 운동이 최고조이나 기온 상승으로 오래달리기 기록에는 다소 분리한 환경임.

② 음식물 섭취는 측정2시간 전에 하며, 에너지 활성화를 위해 측정 전 한 컵 정도의 수분섭취는 매우 유용함.

③ 체력수준이 매우 높은 선수급에서는 간혹 에너지 능력인 오래달리기를 먼저 해서 신체기능을 활성화시킨 후, 근육능력인 팔굽혀펴기, 윗몸일으키기 2종목을 하기도하나, 일반적으로 부분지구력을 요하는 팔굽혀펴기, 동체복부의 근지구력을 요하는 윗몸일으키기, 전신에너지 심폐지구력 능력을 측정하는 오래달리기 순으로 실시하는 것이 효율적임

④ 체력측정전 사전환자파악조치, 체력검정 1시간적 체조, 조깅 등 충분한 준비 운동 실시

⑤ 신체리듬고려 14:00이후 측정실시(출처 : 국군체육부대 체육과학 연구실 군체력검정 길라잡이 (2015))

⑥ 옥외온도가 29.5 ℃ 이상시 실내체육관에서 측정

3 교수 · 학습 설계

1) 체육단련 프로그램 단계적 학습 모형

체력단련 수업은 주1회 2-4시간 편성된 체력단련시간을 의미 하는데 부사관(군사학, 경찰행정학)과 체력단련 수업은 장교, 부사관, 경찰을 준비하는 학생들에게 임관(임용)과 직접적인 관련이 있는 수업이라 그만큼 전공과목 중에 핵심과목으로 편성되어 있다. 과목의 중요도를 고려해 기존 평범한 체력단련 학습방법으로는 임관(임용)체력평가에서 만족할 만한 합격수준에 도달하지 못한다는 결론을 졸업생, 재학생 의견 및 자료를 통해 현상을 알 수 있었다. 이에 따라 체력을 향상시킬 수 있는 방법을 모색하다가 과학적이고 체계적인 체력단련프로그램 단계적 학습모형을 개발하였다. 과정은 준비체조와 스트레칭 후 ,근지구력 강화를 위해 1주에서 9주까지 체력단련프로그램 14개 동작단련, 10주에서15주까지는 9개 동작을 추가하여 23개 동작을 단련하였다. 심폐지구력을 높이기 위해서 인터벌 트레이닝, 폭풍런 계단뛰기, 20m 왕복오래달리기, 종합 폭풍서키트 트레이닝 프로그램을 1주에서 15주차를 단계적로 실시하였고 항목별 보조 훈련 프로그램은 일과 중 일과 후 자율적으로 실시하도록 한다. 이는 개인의 체력수준이나 참여에 따라 약간의 차이가 있지만 15주간 약 60시간의 정규수업과 자율적으로 실시하는 항목별 보조체력단련 시간을 일일 20-30분간 의무적으로 하도록 하여야 한다. 이러한 단계적 과정을 통해 15주간 체력단련프로그램 단계적 학습모형 수업적용을 통한 국민체력인증100 측정분야에 대해 높은 수준의 국가공인 체력인증을 받아야 한다.

2) 체육단련 프로그램 단계적 학습 모형 수행 절차

〈그림 7〉 수행절차

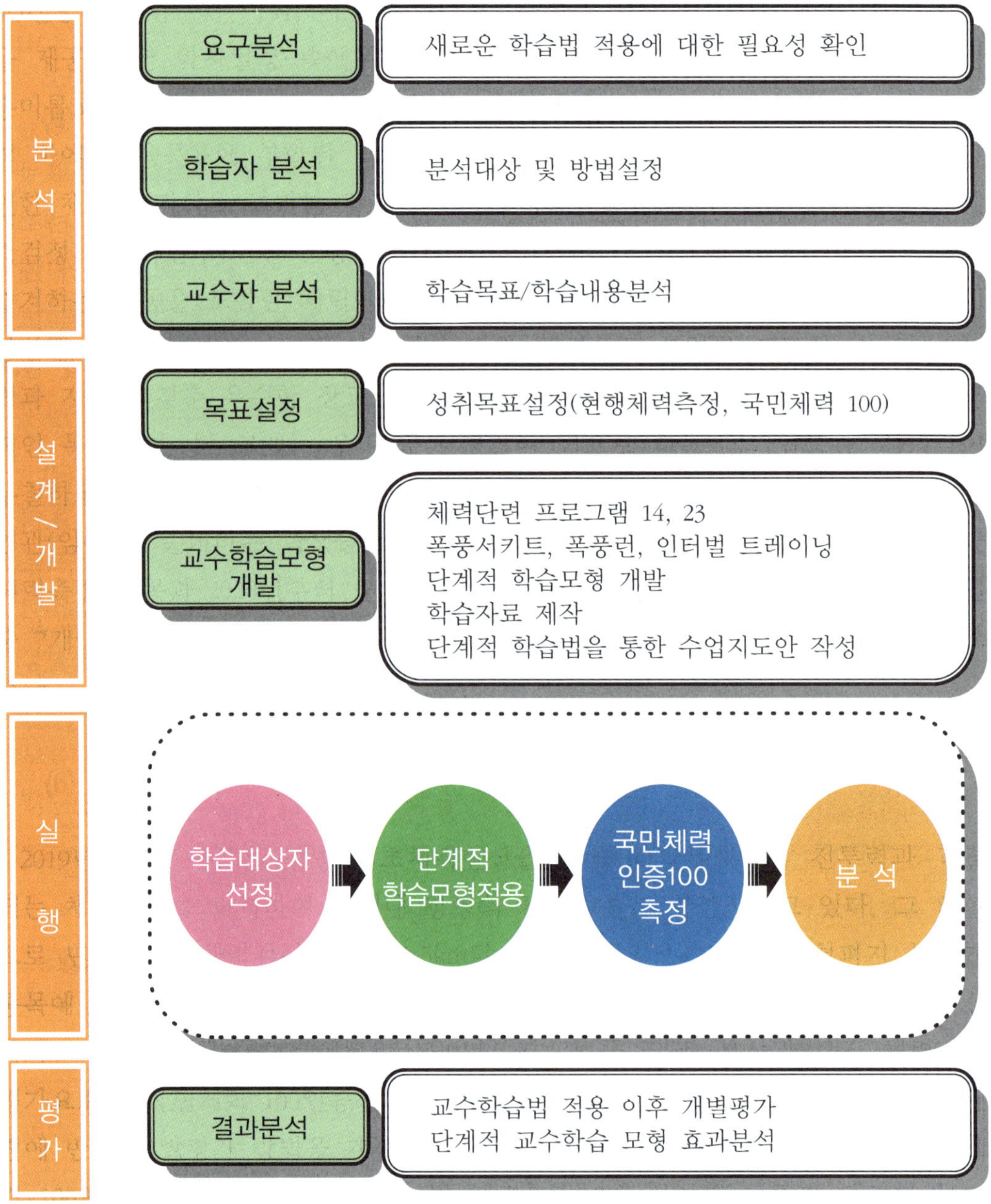

〈그림8〉 체력단련 프로그램 14

동작	설명
	1번. 스쿼트(10회) 3set 1. 양 팔을 앞으로 뻗는다. 2. 근육의 움직임을 느끼면서 앉는다. 3. 무릎이 발 앞꿈치 밖으로 나가지 않게 자세를 잡는다. 4. 90° 이상 내려갔다가 올라온다. 5. 이때 허리는 곧게 펴있어야 하며 엉덩이에 힘을 주며 올라온다.
 	2, 3번. 팔굽혀펴기(10~15회) 3set, 플랭크(30-60초) 3set 1. 팔굽혀펴기 : 손을 어깨넓이 보다 조금 더 벌린 후 팔이 90° 이상이 되도록 내려간다. 2. 몸의 라인은 일자 형태여야하며 팔의 힘으로 올라온다. 3. 플랭크 : 팔굽혀펴기와 마찬가지로 몸의 형태는 일자여야 하며 복부와 팔의 힘을 느끼며 버틴다.
	4번. 플랭크 사이드 릭킥(좌·우 각 10회)3set 1. 3번의 플랭크자세를 한다. 2. 그 자세에서 오른쪽 무릎을 사진과 같이 차 올린다. 3. 시선은 차 올린 무릎을 향한다. 4. 반대쪽도 같은 자세로 반복한다.

동작	설명
	5번. 좌·우 사이드 플랭크(30초) 1. 사진과 같이 자세를 취한다. 2. 이때 몸은 일자로 만들며 팔 힘으로 버틴다. 3. 지지하지 않는 반대 팔은 위로 쭉 뻗어준다.
	6번. 리버스 플랭크(30초) 1. 양 팔을 뒤로 뻗는다. 2. 몸을 일자 형태로 만들어 준다. 3. 복부에 긴장을 느끼며 30초 버텨준다.
	7번. 절반 윗몸일으키기(30초버티기 / 20회) 1. 바닥에 누워 다리를 사진과 같이 세운다. 2. 양 팔을 어깨 위로 교차시킨다. 3. 복부에 힘을 주어 몸을 반만 일으킨다. 4. 일으킨 몸을 복부에 계속 힘을 주어 등이 완전히 닿도록 내려온다.

동작	설명
	8번. 누워다리 들어올리기(20회) 1. 바닥에 누워 고개를 사진과 같이 들어올린다. 2. 양 손은 엉덩이 밑 족에 둔다. 3. 양 다리를 곧게 뻗어 하복부에 힘을 주며 들어올린다. 4. 복부의 긴장을 유지한 채로 다리를 내린다. 5. 이 때 다리가 바닥에 닿지 않도록 주의한다.
	9번. V자 윗몸일으키기 1. 바닥에 일자 형태로 눕는다. 2. 복부에 힘을 주며 몸이 V자가 되도록 다리와 상채를 동시에 들어 올린다. 3. 이 때 양 팔과 다리는 곧게 뻗어준다.
	10번. 앞으로 나가며 런지(각 7회) 1. 허리에 손을 올리고 선다. 2. 한 발을 앞으로 내딛는다. 3. 내딛으면서 사진과 같이 다리를 접어준다. 4. 허리는 곧게 펴야하며 무릎이 앞발 보다 나가지 않게 주의한다.

동작	설명
	11번. 외발 앉았다 일어서기(각 5회) 1. 양 팔을 벌려 선다. 2. 한쪽 다리를 앞으로 편 후 중심을 잡는다. 3. 중심이 흐트러지지 않게 다른 쪽 다리로 앉았다 일어선다.
	12번. 제자리 회전 점프(좌·우 각 5회) 1. 다리를 어깨넓이로 벌린다. 2. 사진과 같이 자세를 취하여 반동을 이용하여 회전한다. 3. 회전하면서 자리에서 점프한다.
	13번. 악마 버피테스트 10카운트(5set) 1. 차렷 자세를 취한다. 2. 쪼그려뛰기 자세를 취한 후 사진과 같이 양 다리 벌린 팔굽혀펴기 자세를 취한다. 3. 다리를 벌렸다 모았다 한 후 7카운트에서 다리를 앞으로 모은다. 4. 8카운트에 다리 밖으로 벌리며 9카운트에 모은 후 10카운트에 일어서며 점프와 동시에 박수를 친다.

	14번. 10카운트 스쿼트(5set) 1. 팔벌려뛰기를 4카운트까지 한다. 2. 사진과 같은 자세로 바닥을 짚은 후 점프한다. (3회) 3. 이 때 다리는 완전히 굽히지 않으며 허리를 곧게 편다.

〈그림9〉 체력단련 프로그램 23

동작	설명
	1번. 스쿼트(10회), 앉아일어서며 점프(10회) 3set 1. 양 팔을 앞으로 뻗는다. 2. 근육의 움직임을 느끼면서 앉는다. 3. 무릎이 발 앞꿈치 밖으로 나가지 않게 자세를 잡는다. 4. 90° 이상 내려갔다가 올라온다. 5. 이때 허리는 곧게 펴있어야하며 엉덩이에 힘을 주며 올라온다.
 	2, 3번. 팔굽혀펴기(20~30회) 후 플랭크(30초) 3set 1. 팔굽혀펴기 : 손을 어깨넓이 보다 조금 더 벌린 후 팔이 90° 이상이 되도록 내려간다. 2. 몸의 라인은 일자 형태여야하며 팔의 힘으로 올라온다. 3. 플랭크 : 팔굽혀펴기와 마찬가지로 몸의 형태는 일자여야 하며 복부와 팔의 힘을 느끼며 버틴다.

동작	설명
	4번. 플랭크 사이드 릭킥(좌·우 각 10회)3set 1. 3번의 플랭크자세를 한다. 2. 그 자세에서 오른쪽 무릎을 사진과 같이 차 올린다. 3. 시선은 차 올린 무릎을 향한다. 4. 반대쪽도 같은 자세로 반복한다.
	5번. 좌·우 사이드 플랭크(30초)1set 1. 사진과 같이 자세를 취한다. 2. 이때 몸은 일자로 만들며 팔 힘으로 버틴다. 3. 지지하지 않는 반대 팔은 위로 쭉 뻗어준다.
	6번. 리버스 플랭크(30초)3set 1. 양 팔을 뒤로 뻗는다. 2. 몸을 일자 형태로 만들어 준다. 3. 복부에 긴장을 느끼며 30초 버텨준다.
	7번. 절반 윗몸일으키기(30초버티기 / 30회)3set 1. 바닥에 누워 다리를 사진과 같이 세운다. 2. 양 팔을 어깨 위로 교차시킨다. 3. 복부에 힘을 주어 몸을 반만 일으킨다. 4. 일으킨 몸을 복부에 계속 힘을 주어 등이 완전히 닿도록 내려온다.

동작	설명
	8번. 누워다리 들어올리기(20회)3set 1. 바닥에 누워 고개를 사진과 같이 들어올린다. 2. 양 손은 엉덩이 밑 족에 둔다. 3. 양 다리를 곧게 뻗어 하복부에 힘을 주며 들어올린다. 4. 복부의 긴장을 유지한 채로 다리를 내린다. 5. 이 때 다리가 바닥에 닿지 않도록 주의한다.
	9번. V자 윗몸일으키기(20회)3set 1. 바닥에 일자 형태로 눕는다. 2. 복부에 힘을 주며 몸이 V자가 되도록 다리와 상채를 동시에 들어 올린다. 3. 이 때 양 팔과 다리는 곧게 뻗어준다.
	10번. 앞으로 나가며 런지(10회)3set 1. 허리에 손을 올리고 선다. 2. 한 발을 앞으로 내딛는다. 3. 내딛으면서 사진과 같이 다리를 접어준다. 4. 허리는 곧게 펴야하며 무릎이 앞 발보다 나가지 않게 주의한다. 5.앞, 좌 · 우 크로스로 교차하며 런지한다.
	11번. 외발 앉았다 일어서기(각 10회)2set 1. 양 팔을 벌려 선다. 2. 한쪽 다리를 앞으로 편 후 중심을 잡는다. 3. 중심이 흐트러지지 않게 다른 쪽 다리로 앉았다 일어선다.

동작	설명
	12번. 제자리 회전 점프(좌·우 각 5회)1set 1. 다리를 어깨넓이로 벌린다. 2. 사진과 같이 자세를 취하여 반동을 이용하여 회전한다. 3. 회전하면서 자리에서 점프한다.
	13번. 악마 버피테스트 10카운트(5set) 1. 차렷 자세를 취한다. 2. 쪼그려뛰기 자세를 취한 후 사진과 같이 양 다리 벌린 팔굽혀펴 기 자세를 취한다. 3. 다리를 벌렸다 모았다 한 후 7카운트에서 다리를 앞으로 모은다. 4. 8카운트에 다리 밖으로 벌리며 9카운트에 모은 후 10카운트에 일어서며 점프와 동시에 박수를 친다.
	14번. 10카운트 스쿼트(10개) 4set 1. 팔벌려뛰기를 4카운트까지 한다. 2. 사진과 같은 자세로 바닥을 짚은 후 점프한다. (3회) 3. 이 때 다리는 완전히 굽히지 않으며 허리를 곧게 편다.
	15번. 사이드 잭나이프(각20개) 1set 1. 옆으로누워 한손 머리뒤, 한손바닥으로 향하고 다리 들기 2. 반대로 한손 머리뒤 한손바닥으로 향하고 다리 들기

동작	설명
	16번. 스파이더맨(각10개)2set 1. 팔벌려뛰기를 4카운트까지 한다. 2. 사진과 같은 자세로 바닥을 짚은 후 점프한다. (3회) 3. 이 때 다리는 완전히 굽히지 않으며 허리를 곧게 편다.
	17번. 플로어 사이클(각10개)2set 1. 팔벌려뛰기를 4카운트까지 한다. 2. 사진과 같은 자세로 바닥을 짚은 후 점프한다.(3회) 3. 이 때 다리는 완전히 굽히지 않으며 허리를 곧게 편다.
	18번. 가위차기(각10개)2set 1. 팔벌려뛰기를 4카운트까지 한다. 2. 사진과 같은 자세로 바닥을 짚은 후 점프한다.(3회) 3. 이 때 다리는 완전히 굽히지 않으며 허리를 곧게 편다.
	19번. 누워윗몸일으켜 한손짚고 짚은다리 쪽 터치(각10개)2set 1. 팔벌려뛰기를 4카운트까지 한다. 2. 사진과 같은 자세로 바닥을 짚은 후 점프한다.(3회) 3. 이 때 다리는 완전히 굽히지 않으며 허리를 곧게 편다.

동작	설명
	20번. 플루터킥(각10개)2set 1. 팔벌려뛰기를 4카운트까지 한다. 2. 사진과 같은 자세로 바닥을 짚은 후 점프한다.(3회) 3. 이 때 다리는 완전히 굽히지 않으며 허리를 곧게 편다.
	21번. 브릿지 플랭크(30초)2set 1. 팔벌려뛰기를 4카운트까지 한다. 2. 사진과 같은 자세로 바닥을 짚은 후 점프한다.(3회) 3. 이 때 다리는 완전히 굽히지 않으며 허리를 곧게 편다.
	22번. 덩키 킥(각10개)2set 1. 팔벌려뛰기를 4카운트까지 한다. 2. 사진과 같은 자세로 바닥을 짚은 후 점프한다.(3회) 3. 이 때 다리는 완전히 굽히지 않으며 허리를 곧게 편다.

<table>
<tr>
<td></td>
<td>23번. 쪼그려 뛰기(각15개)2set

1. 팔벌려뛰기를 4카운트까지 한다.
2. 사진과 같은 자세로 바닥을 짚은 후 점프한다.(3회)
3. 이 때 다리는 완전히 굽히지 않으며 허리를 곧게 편다.</td>
</tr>
</table>

〈그림10〉 스톰(폭풍)서키트/ 런 트레이닝 프로그램

• 운동형식 : 팔굽혀펴기15개(1단계) - 윗몸일으키기30개(2단계)- 플랭크(3단계)1분 - 홀딩40초(4코스) 순환식으로 2-8 세트 (1-4단계 1세트) 서키트 트레이닝 후 28m 오래달리기

• 팔굽혀펴기 (15개)	• 윗몸일으키기 (30개)	• 플랭크 (1분)	• 홀딩 (40-50초)

• 28m 왕복 오래달리기 (27바퀴 약 1,512m) : 스톰런 (폭풍런)

〈그림11〉 심폐능력 강화 프로그램 (인터벌 트레이닝 달리기)

• 운동형식 : 50m-100m-200m-400m씩 단계별 적용하 운동인터벌(달리기)과 휴식인터벌(걷기)
출발전 팔벌려 뛰기 실시(50m 50개 - 100m 80개- 200m 100개 - 400m 120개)

• 운동강도 / 시간

구분	최고질주	환산시간	운동인터벌 (달리기)	휴식 인터벌 (조깅)	반복횟수
50m	예 : 09초	+4초	11~12	30초	7~9회
100m	예 : 18초	+4.5초	21~22초	60초	6~8회
200m	예 : 36초	+5.5초	41~42초	120초	5~7회
400m	예 : 76초	+7.5초	83~84초	250초	4~6회

• 운동빈도는 : 주당 최소 1~2회 운동실시 / 주1회 3km 달리기 실시
• 운동기간은 : 주당 최소 13~15주간 실시

팔 벌려 뛰기 후 인터벌 달리기(50.100,200,400m)

〈그림 12〉 항목별 보조훈련 프로그램 (팔굽혀펴기)

중량(RM)	반복(회)	세트(set)	동작간 휴식(초)	세트간 휴식(초)
본인체중, 벤치12~15	12~15	3~5	60~120	120~180

• 벤치프레스는 12~15회 간신히 들어 올리는 중량사용
• [1] - [2], [2] - [3] - [4] 등 본인에 맞는 2~3종의 운동 선택

[1] 책상 또는 50cm 높이 계단구조물 팔굽혀펴기	• 팔굽혀펴기 연습을 계단 등에서 손쉽게 할 수 있는 방법으로 팔힘이 약한 사람이나 여학생들에게 적합하며 12회~20회 반복실시 • 점차적으로 세트당 반복횟수 증가 쉬워지면 높이가 낮은 곳으로 이동	
[2] 무릎대고 팔굽혀펴기	• 여학생에게 권장되는 운동으로 팔굽혀펴기 실시요령과 동일하나, 지면에 무릎을 대고 실시하는 것이 다름. 12회~20회 반복실시 • 익숙해지면 점차적으로 세트당 반복 횟수 증가 실시	
[3] 벤치프레스	• 자신이 들 수 있는 최대무게 중 50~70% 수준의 무게에서 시작 12회~20회 반복실시, 호흡은 바벨을 내릴 때 들이 마시고, 올릴 때 내쉼. • 운동에 익숙해지면, 점차적으로 세트당 반복횟수나 무게증가	
[4] 디핑	• 디핑바 외에도 평행봉 책상을 양쪽에 놓고 운동 몸이 수직으로 상하 운동할 수 있도록 팔을 굽혔다 펴줌. 12회 ~ 20회 반복실시 • 숙달되면 점차적으로 반복횟수 증가 실시	

• 세트마다 반복횟수 1~2회씩 증가

〈그림 13〉 항목별 보조훈련 프로그램 (윗몸일으키기)

중량(RM)	반복(회)	세트(set)	동작간 휴식(초)	세트간 휴식(초)
본인체중, 벤치12~15	12~15	3~5	60~120	120~180

• 부하 윗몸일으키기는 12~15회 간신히 들어 올리는 중량사용
• 1 - 2, 2 - 3 - 4 등 본인에 맞는 2~3종의 운동 선택

운동	방법	사진
1 다리 들어 올리기	• 바닥에 다리를 편 상태로 누워, 양발을 모아 위아래로 다리를 수직으로 올렸다 내리는(지면에서 5cm)동작을 12회~20회 반복 • 보조자의 다리나 지지봉, 고정된 물체를 잡고실시하면 효과적임	
2 윗몸 젖히기	• 엎드린 상태로 양손을 열중 쉬어자세로 허리에 위치시킴 • 다리는 보조자 또는 기구에 고정시키고 상체를 뒤로 일으켜 세우는 동작을 12~20회	
3 경사면 윗몸 일으키기	• 복근의 힘으로 상체를 일으킨후, 고개를 당겨 12회~20회 반복실시 • 기구가 없을 경우, 경사지에 매트를 깔고 보조자의 다리로 실시자의 다리를 걸어 발목을 단단히 손으로 잡고 실시토록 함	
4 부하 윗몸 일으키기	• 반복횟수는 12회~20회로 낮추도록 하며 목이 다치지 않도록 주의할 것 • 샌드백을 목에 두르거나 바벨판을 목 아래 부위에 잡고 일으키기 실시	

• 세트마다 반복횟수 1~2회씩 증가

〈그림 14〉 항목별 보조훈련 프로그램 (달리기)

중량(RM)	반복(회)	세트(set)	동작 간 휴식(초)	세트간 휴식(초)
본인체중	제시한 횟수	3~5	60	120~180

- 각 동작간 실시 횟수는 제시한 숫자만큼 시행
- 1 - 2 - 3 순서로 실시하며, 6 까지 수행시 1세트 완료
- 좌우 동작은 좌측, 우측합쳐서 1회로 간주

1 제자리뛰기 (100회)	• 발뒤꿈치 들고 제자리 뛰기	
2 다리들어 박수치기(50회)	• 한쪽 다리를 힘차게 앞으로 차올리며 들어 다리 밑으로 박수치기	
3 무릎 높여 뛰기(50회)	• 교대로 무릎을 높여 뛰되, 무릎이 가슴에 닿도록 위로 힘차게 차올리며 제 자리에서 뛰기	
4 발뒤꿈치로 엉덩이차기 (100회)	• 제자리에서 힘차게 뛰며, 발뒤꿈치로 엉덩이를 번갈아 차기	
5 무릎들어 반대쪽 팔꿈치 닿기(50회)	• 몸을 앞으로 틀어 다리를 차올리고 반대편 팔꿈치로 무릎찍기	
6 좌 · 우 뛰며 외발버티기 (50회)	• 좌 · 우측으로 멀리 뛰어 한발로 중심 잡기	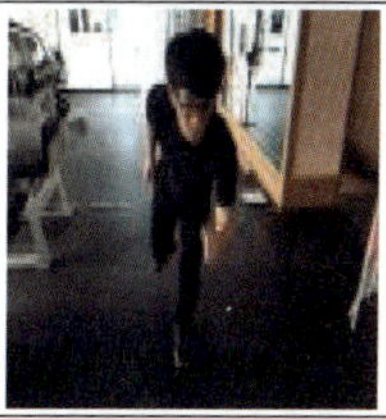

4 교수 · 학습 방법 적용

1) 교수와 학습자 역할

교수 · 학습자 역할

구분	내용
교수자 역할	-효과적인 학습을 위한 측정결과에 대한 분석 / 피드백 -수업총괄 / 수업지도안 작성 / 학습자관리
학습자 역할	-수업적용 이후 황목별 보조프로그램 개별 훈련 -기록측정을 통한 근지구력, 심폐지구력 향상도 체감

2) 단계적 학습 모형도

〈그림 15〉 단계적 학습 모형도

마무리

분석 및 피드백

전개

Step 4단계 프로그램 14~15 주차

- 체력단련프로그램 23개 동작, 스톰서키트 / 런, **국민체력100 인증**
- 심폐능력강화 프로그램(400m인터벌트레이닝 달리기 4~6세트)
- 항목별 보조훈련 프로그램(팔굽혀펴기, 윗몸일으키기, 달리기

Step 3단계 프로그램 10~13 주차

- 체력단련프로그램 23개 동작, 스톰서키트/ 런
- 심폐능력강화 프로그램(200m인터벌트레이닝 달리기 5~7세트)
- 항목별 보조훈련 프로그램(팔굽혀펴기, 윗몸일으키기, 달리기)

Step 2단계 프로그램 5~9 주차

- 체력단련프로그램 14개 동작, 국민체력100인증, 스톰서키트/ 런
- 심폐능력강화 프로그램(100m인터벌트레이닝 달리기 6~8세트)
- 항목별 보조훈련 프로그램(팔굽혀펴기, 윗몸일으키기, 달리기)

Step 1단계 프로그램 1~4 주차

- 체력단련프로그램 14개 동작, 스톰서키트 / 런, 국민체력100 인증
- 심폐능력강화 프로그램(50m인터벌트레이닝 달리기 7~9세트)
- 항목별 보조훈련 프로그램(팔굽혀펴기, 윗몸일으키기, 달리기)

도입

교수자 / 학습자요구 분석 → 체력측정 / 분석 → 교수학습모형개발 / 적용

3) 단계적 학습 수업적용

학습적용은 학생 개인별 체력단련프로그램 적용전 체력등급을 파악한 후 단계적으로 15주차를 진행하여 프로그램 적용전 2주차, 시행중 8주차, 완료후15주차 학생들의 체력향상 변화를 측정하고 이에 따라 개인별맞춤형 피드백을 주어 체력 향상에 도움이 되도록 진행한다. 1주차부터 4주차까지는 step 1 단계로 체력단련프로그램14개동작과, 스톰서키트 / 런, 인터벌 달리기 50m를 기준으로 팔벌려 뛰기 50개 실시 후 달리기, 항목별 보조훈련(팔굽혀펴기, 윗몸일으키기)를 자율적으로 일일 20분 실시한다. 5주차에서 9주차는 step 2단계로 step 체력단련프로그램 14개 동작을 반복적용하며, 스톰서키트 / 런, 인터벌 달리기를 50M에서 100m늘려서 적용하며 이 단계 에서는 심폐지구력 향상을 위해 팔벌려 뛰기를 80개 실시 후 달린다. 10주차에서 13주차는 step 3단계로 체력단련 프로그램23개 동작을 적용하며, 스톰서키트 / 런, 인터벌달리기 거리를 100m에서 200m로늘려 전력으로 달리고 200m회복 4회 반복 실시한다. 출발전 팔벌려뛰기를 80개에서 100개로 늘려 실시하며 항목별 보조 프로그램은 동일하게 매일 실시하였다. 마지막 step 4에서는 체력단련프로그램 23개동작과, 스톰서키트 / 런 병행, 400m인터벌달리기 후 팔벌려 뛰기 연속 120개를 4회 반복 실시하며 step1~4단계중 2, 8, 15주차에 측정을 실시하고 프로그램은 정상적으로 진행하므로 특히 이 기간에는 학생들의 흥미가 떨어지지 않도록 측정 기록에 대해 학생들에게 칭찬과 독려는 지속적으로 해주어야 한다. step 3부터는 지금까지 수행한 프로그램에 대한 전반적인 설명과 앞으로 15주차까지의 프로그램수행의 진행상황을 설명하며 단계적으로 강도를 높혀 15주차 수업종료시 현행 체력검정은 3등급, 국민체력 100 인증 1등급 안에 모두 들어올 수 있도록 동기 유발과 명확한 목표설정을 해주는 시점이다.

(1) 수업계획서

〈표 6〉 수업계획서(모델)

과 목	국문명 : 국방체육(2)		
과 목	영문명 : Military Physical education(Ⅱ)		
학 점	2	이수구분	전공핵심
시 수	이론(0)/실습(4)	학과(계열)	부사관과
면담시간		대상학년	2학년
강의실 / 실험 실습실 명	체육관 /무도실	수업요일/시간	월5,6, 화7,8 , 수 1,2,3,4
시험실시 유무	▣중간고사 ▣기말고사	교원 소속명	부사관과
교원성명	(김병진 jjang4012@naver.com)	연구실 전화	9432
자택전화	비공개	휴 대 폰	010-0000-0000
수업형태	▣강의식 □토의식 □문답식 □세미나 □견학 □실험 ▣실습 □플립러닝 □사이버강의		
교과목 개요	교과목은 군 체력검정에 필요한 체력향상을 위한 체계적인 계획수립, 적용방안 및 관련한 과학적인 체력향상 방법을 이해하고 이를 바탕으로 재학생의 건강 유지 및 2020년부터 적용하는 국민체력인증 100 인증에 대비하도록 지도한다.		
수업목표	1. 체력단련프로그램을 단계적으로 15주간 지도할 수 있어야 한다. 2. 국민체력인증센터에서 실시하는 체력 측정방법을 이해하여야 한다. 3. 초급 간부가 갖추어야할 3급 이상의 강인한 체력을 유지할 수 있어야 한다. 4. 전투체력의 기본이 되는 기초체력(근력, 근지구력, 심폐지구력, 순발력, 유연성, 민첩성)지도능력 구비 5. 신세대 장병에 맞는 스포츠 경기 지도방법 이해 / 구기종목 대한 심판 능력이해		
수 업 방 법	이론 / 실기		
교육용 기자재	□OHP □TV □VTR □환등기 □LDP ▣컴퓨터 □녹음기 □실물 □표본 □모형 □사진 기타(문서자료) : 지침서		
교재 및 참고문헌	주교재 : 국방체육(정재극 등 3명, 진영사) 부교재 : 군체육지도론(육군3사관학교), 체력단련 길라잡이(국군체육부대, 2013), 장병체력단련 지침서(국군체육부대 스포츠과학연구실 2013)		

<table>
<tr><td rowspan="10">성적평가 및
기준</td><td>☞ 중간시험 (30%)</td></tr>
<tr><td>군체력검정 종목측정(윗몸일으키기, 팔굽혀펴기, 1.5km)</td></tr>
<tr><td>☞ 기말시험 (30%)장병체력단련 지침서(국군체육부대 스포츠과학연구실 2013)</td></tr>
<tr><td>군체력검정 종목측정(윗몸일으키기, 팔굽혀펴기, 1.5km
국민체력인증센터 인증서 제출</td></tr>
<tr><td>☞ 과 제 물 (20%)</td></tr>
<tr><td>유연성,근력,근지구력,순발력, 지구력,민첩성,심폐지구력</td></tr>
<tr><td>☞ 출 석 (20%)</td></tr>
<tr><td>학교평가기준</td></tr>
<tr><td>☞ 기 타 (0%)</td></tr>
<tr><td></td></tr>
</table>

(2) 수업지도안

〈표 7〉 수업지도안(모델)

<table>
<tr><td>단원명</td><td colspan="2">단계적 체력단련 프로그램</td><td>교재
범위</td><td>국방체육 1~12
(정재극 공저)</td><td>수업
주차</td><td>4 / 15</td></tr>
<tr><td>수업주제</td><td colspan="6">- 단계별 학습을 통해 체력을 향상할 수 있다.</td></tr>
<tr><td>수업목표</td><td colspan="6">- 개인측정 기록을 통해 본인의 체력수준을 인지할 수 있다
- 단계적 학습을 통한 개인체력 향상을 인지 할수 있다
- 기초체력 향상을 위해 개인운동 병행의 필요성을 인지 할 수 있다</td></tr>
<tr><td>수업자료</td><td colspan="6">- 주교재 : 국방체육(정재극 등 2명, 진영사)
- 부교재 : 군체력검정 길라잡이, 국방체육(구희곤 허동욱 등 2명 박영사)</td></tr>
<tr><td>구분
차시</td><td colspan="3">수업내용</td><td>교수학습활동</td><td colspan="2">학습 과제물
및
유의사항</td></tr>
<tr><td rowspan="3">1~2차시

3~4차시</td><td>도입
(5분)</td><td colspan="2">수업진행 환경분석(출석확인, 환자파악)</td><td rowspan="3">• 실습 진행
- 조편성 : 4명 단위 실습
- 체력단련 프로그램 14개 동작은 무도실, 인터벌 트레이닝은 대운동장</td><td colspan="2" rowspan="3">구보간
안전거리확보

인터벌
트레이닝간
부상자
방지교육</td></tr>
<tr><td>전개
(190분)</td><td colspan="2">• 준비체조
• 체력단련 프로그램
- 체력단련프로그램 14개 동작
- 스톰서키트 2-3회
• 인터벌 트레이닝 달리기
- 심폐능력강화 프로그램
(50m인터벌 트레이닝 달리기 7-9회)
- 스톰런2-3회(계단2회, 28m 왕복런 10-28회)
• 조편성 / 실습</td></tr>
<tr><td>정리
(5분)</td><td colspan="2">수업전반에 대한 이해도 확인</td></tr>
<tr><td>차시
예고</td><td colspan="6">체력단련 프로그램 14, 28m 왕복오래달리기(27회)</td></tr>
<tr><td>수업내용
평가</td><td colspan="6">1. 체력단련프로그램 동작이해
2. 과학적인 훈련방법 이해</td></tr>
</table>

(3) 주차별 수업계획서

주차별 수업계획서			
주	단계	주제	수업내용
1	1단계	***프로그램 적용전 3종목 수준측정***	체력단련프로그램 단계적 학습모형 개념 설명/수준측정
2		체력단련프로그램 - 국군도수체조	체력단련프로그램14동작, 스톱 서키트 2~3회 심폐능력강화프로그램(50m인터벌7~9회, 스톱 런2~3회) 항목별 보조훈련 프로그램(팔굽, 윗몸, 달리기)
3		체력단련프로그램- 인터벌	
4			
5	2단계	***3개종목 측정, 구기운동, 얼트미트경기***	가벼운 구보,체조, 3개종목측정 집단축구, 얼트미트 반별경기
6		체력단련프로그램 - 인터벌	체력단련프로그램14동작, 스톱 서키트 3~5회 심폐능력강화프로그램(100m 인터벌6~8회, 스톱 런2~4회)
7		체력단련프로그램 - 인터벌	체력단련프로그램14동작, 스톱 서키트 3~5회 심폐능력강화프로그램(100m인터벌6~8회, 스톱 런2~4회 항목별 보조훈련 프로그램(팔굽, 윗몸, 달리기)
8		체력단련프로그램 ***앞산등반***	스톱 서키트 3~5회 심폐능력강화프로그램(산악인터벌)
9		체력단련프로그램 - 인터벌	체력단련프로그램14동작 심폐능력강화프로그램(100m인터벌6~8회, 스톱 런2~4회) 항목별 보조훈련 프로그램(팔굽, 윗몸, 달리기)

<표 8> 주차별 수업계획서

주	단계	주제	수업내용
10	3단계	체력단련프로그램 – 인터벌 3개종목 측정,구기운동,얼트미트경기	가벼운 구보, 체조, 3개 종목측정, 집단축구, 얼트미트 반별경기
11	3단계	체력단련프로그램 – 인터벌	체력단련프로그램23동작, 스톱 서키트 5~7회 심폐능력강화프로그램(200m인터벌5 ~ 7회, 스톱 런 4회이상) 항목별 보조훈련 프로그램(팔굽, 윗몸, 달리기)
12	3단계	체력단련프로그램 – 인터벌	
13	3단계	체력단련프로그램– 인터벌	체력단련프로그램23동작, 스톱 서키트 5~7회 심폐능력강화프로그램(200m인터벌5~7회, 스톱 런 4회이상) 항목별 보조훈련 프로그램(팔굽, 윗몸, 달리기)
14	4단계	체력단련프로그램 폭풍런 팀별경기	체력단련프로그램23동작, 스톱 서키트 7~9회 심폐능력강화프로그램(800m스톱런4회이상): 팀 별 기록측정
15	4단계	체력단련프로그램 완료 완료 후 3개종목 측정,구기운동 종목별우수자 선발	가벼운구보, 체조 , 3개 종목측정,구기운동(축구,농구) 종목별 체력우수자 장학금 수여

4) 학습자 체력향상 목표설정

부사관(군사학, 경찰행정학)과 학생의 신체적인 소양부분인 기초체력을 어떤기준에 맞추어 준비하는 것은 쉬운 일이 아니다, 그 기준이 체력의 완성을 나타낸다고 보기 힘들기 때문이다. 하지만 목표 설정 없이 어떤 과정이 진행 되는 것은 교수자 학습자 모두에게 혼란을 가져다 줄 수 있다, 그래서 이번저서에서 부사관(군사학)과 의 신체적 소양 기준은 육군의 장교, 부사관 선발 기준을 근거로 2019년 현재 실시하고 있는 3개종목과 2020년 적용되는 국민체력인증센터에서 실시하는 7개 측정 분야에 맞춤식 학습 목표를 설정하였고. 이를 통해 수업을 참여하는 학생들의 수업참여도와 집중도를 높일 수 있었으며 분야별 국민체력100 인증서를 학기별 1-2회 제출하도록 하여 개인별 인증 등급 목표를 설정 동기를 유발시켰음.

〈표 9〉 현행 군 체력등급 목표설정(남자)

구	분	등급별 격 차	1급	2급	3급	4급	5급	6급	7급	8급	9급	10급	불합격
1.5km 달리기	만 25세 이하	10초	6'08″ 이하	6'18″ 이하	6'28″ 이하	6'38″ 이하	6'48″ 이하	6'58″ 이하	7'08″ 이하	7'18″ 이하	7'28″ 이하	7'29″이상 불합격	
	만 26~30세												
윗몸 일으키기 (2분)	만 25세 이하	4회	86회 이상	82회 이상	78회 이상	74회 이상	70회 이상	66회 이상	62회 이상	58회 이상	54회 이상	34회 이상	33회 이하
	만 26~30세		84회 이상	80회 이상	76회 이상	72회 이상	68회 이상	64회 이상	60회 이상	56회 이상	52회 이상	32회 이상	31회 이하
팔굽혀 펴기 (2분)	만 25세 이하	4회	72회 이상	68회 이상	64회 이상	60회 이상	56회 이상	52회 이상	48회 이상	44회 이상	40회 이상	25회 이상	24회 이하
	만 26~30세		70회 이상	66회 이상	62회 이상	58회 이상	54회 이상	50회 이상	46회 이상	42회 이상	38회 이하	23회 이상	22회 이하

〈표 10〉 현행 군 체력등급 목표설정(여자)

구분		등급별 격차	1급	2급	3급	4급	5급	6급	7급	8급	9급	10급	불합격
1.5㎞ 달리기	만 25세 이하	10초	7'39″ 이하	7'49″ 이하	7'59″ 이하	8'09″ 이하	8'19″ 이하	8'29″ 이하	8'39″ 이하	8'49″ 이하	8'59″ 이내	9' 00″ 이후 불합격	
	만 26세 ~만30세		7'49″ 이하	7'59″ 이하	8'09 ″ 이하	8'19″ 이하	8'29″ 이하	8'39″ 이하	8'49″ 이하	8'59″ 이하	9'09″ 이내	9' 10″ 이후 불합격	
	점 수		5	4.75	4.5	4.25	4.0	3.75	3.5	3.25	3.0	불합격	
윗몸 일으키기 (2분)	만 25세 이하	4회	71회 이상	67회 이상	63회 이상	59회 이상	55회 이상	51회 이상	47회 이상	43회 이상	39회 이상	29회 이상	29회 미만
	만 26세 ~만30세		68회 이상	64회 이상	60회 이상	56회 이상	52회 이상	48회 이상	44회 이상	40회 이상	36회 이상	26회 이상	26회 미만
	점 수		3	2.85	2.7	2.55	2.4	2.25	2.1	1.95	1.8	1.5	불합격
팔굽혀 펴기 (2분)	만 25세 이하	4회	35회 이상	33회 이상	31회 이상	29회 이상	27회 이상	25회 이상	23회 이상	21회 이상	19회 이상	16회 이상	16회 미만
	만 26세 ~30세		33회 이상	31회 이상	29회 이상	27회 이상	25회 이상	23회 이상	21회 이상	19회 이상	17회 이상	12회 이상	12회 미만
	점 수		2	1.9	1.8	1.7	1.6	1.5	1.4	1.3	1.2	1	불합격

(출처 : 육군 부사관 체력검정표(2019))

〈표11〉 국민체력인증 100 등급기준(1급)

· 신체 조성을 제외한 나머지 5개 검사 기록이 모두 인증기준 상위 30%이내

성별	연령대	근력	근지구력		심폐지구력	유연성	민첩성	순발력
		상대악력 (%)	교차윗몸 일으키기 (회)	윗몸말아 올리기 (회)	왕복오래 달리기 (회)	앉아윗몸 앞으로굽히기 (cm)	왕복 달리기 (초)	제자리 멀리뛰기 (cm)
남	19~24	68.1	65	47	58	16,6	8,5	259
	25~29	67.2	62	45	55	15,9	9,2	251
	30~34	66.0	58	42	52	15,0	10,0	242
	35~39	64.4	52	39	47	13,9	11,1	230
	40~44	63.2	48	37	44	13,0	12,0	220
	45~49	61.9	43	34	40	12,0	12,9	210
	50~54	60.7	39	31	36	11,1	13,7	201
	55~59	59.5	35	29	33	10,2	14,5	192
	60~64	58.2	30	26	29	9,2	15,5	181
여	19~24	55.2	38	22	29	19,4	12,2	165
	25~29	53.3	35	20	27	18,5	12,8	160
	30~34	51.8	32	18	26	18,5	13,3	155
	35~39	50.4	30	17	25	19,4	13,8	151
	40~44	49.1	28	16	25	18,8	14,2	147
	45~49	47.7	26	14	24	19,4	14,6	143
	50~54	46.2	23	13	23	18,5	15,1	139
	55~59	45.0	21	11	22	19,4	15,5	136

〈표12〉 국민체력인증 100 등급기준(2급)

· 신체 조성을 제외한 나머지 5개 검사 기록이 모두 인증기준 상위 50%이내

성별	연령대	근력	근지구력		심폐지구력	유연성	민첩성	순발력
		상대악력 (%)	교차윗몸 일으키기 (회)	윗몸말아 올리기 (회)	왕복오래 달리기 (회)	앉아윗몸 앞으로굽히기 (cm)	왕복 달리기 (초)	제자리 멀리뛰기 (cm)
남	19~24	62.4	57	37	48	12.2	10.1	238
	25~29	61.5	53	35	45	11.5	10.8	231
	30~34	60.3	49	33	42	10.7	11.6	222
	35~39	58.7	44	30	37	9.5	12.7	209
	40~44	57.5	39	27	34	8.6	13.5	200
	45~49	56.2	35	25	30	7.6	14.5	189
	50~54	55.0	31	22	26	6.7	15.3	180
	55~59	53.8	26	20	23	5.9	16.1	171
	60~64	52.5	22	17	19	4.9	17.0	160
여	19~24	50.3	31	15	23	15.4	13.5	151
	25~29	48.4	27	13	22	14.5	14.1	145
	30~34	46.9	25	12	21	14.5	14.6	141
	35~39	45.5	23	10	20	15.5	15.0	137
	40~44	44.2	20	9	19	14.6	15.5	133
	45~49	42.8	18	8	18	15.4	15.9	129
	50~54	41.3	16	6	17	14.5	16.4	125

〈표13〉 국민체력인증 100 등급기준(3급)

• 체지방률 또는 신체 질량 지수가 건강 권장 범위에 있으며 건강관련 4개 검사 기록이 모두 인증기준 상위 70%이내

성별	연령대	근력	근지구력		심폐지구력	유연성	신체조성	
		상대악력 (%)	교차윗몸일으키기 (회)	윗놀발아올리기 (회)	왕복오래달리기 (회)	앉아윗몸앞으로굽히기 (cm)	체지방률 (%)	BMI (kg/m²)
남	19~24	56.7	48	28	38	7.9	7% 초과 25% 미만	18kg/m² 초과 25kg/m² 미만
	25~29	55.8	45	26	35	7.2		
	30~34	54.6	41	24	32	6.3		
	35~39	53.0	35	21	27	5.1		
	40~44	51.8	31	18	23	4.2		
	45~49	50.5	26	15	19	3.2		
	50~54	49.3	22	13	16	2.4		
	55~59	48.1	18	11	13	1.5		
	60~64	46.8	13	8	9	0.5		
여	19~24	45.4	23	9	18	11.3		
	25~29	43.5	20	7	17	10.5		
	30~34	42.0	17	5	16	9.8		
	35~39	40.6	15	4	15	10.3		
	40~44	39.3	13	2	14	10.4		
	45~49	37.9	11	1	13	10.4		
	50~54	36.4	8	0	12	9.8		
	55~59	35.2	6	0	11	10.0		
	60~64	33.6	4	0	10	10.0		

5) 현행 체력검정 기준치 산출근거

(1) 1.5km(3km) 달리기

남성은 시험부대 측정결과, '09년 이전 기준치 및 미군체력검정표를 참조하여 육군에서 제시하였으며 미군체력검정 기준치와 비슷한 수준이고 여성은 종목별로 생리적 특성 반영, 군무원만 현역대비 10% 하향하여 측정기준을 적용하고 있다.

(2) 공통

연령별 유산소 능력 감소에 따른 연령집단별 감소비율 적용,연령별 유산소 능력 변화는 연령증가에 따라 비례적 감소(연평균 1%)

〈표 14〉 연령별 유산소 능력변화

연령	25 이하	26–30	31–35	36–40	41–43	44–46	47–49	50–51	52–53	54–55	56–57	58–59	60 이상
감소율 (%)	0	1.0 – 4.5	5.4 – 9.6	10.8 – 12.3	13.1– 14.3	16.8 – 18.1	18.9 – 22.5	23.0 – 26.5	25.2 – 27.8	27.4 – 29.2	30.5 – 33.0	31.3 – 35.1	35.0 이상

(출처 : 국군체육부대 체육과학 연구실 군 체력검정 길라잡이 (2015))

여군 기준치 생리학적 제 기능 고려, 남자현역의 80% 적용

〈표 15〉 여성의 남성에 대한 생리 기능차

• 신장 : 13cm 정도 작음	• 체중 : 14~18kg 정도 작음
• 지방제외 체중 : 18~22kg 적음	• 지방량 : 3~6kg 많음
• 상대 체지방 : 6~10% 많음	• 최대 유산소능력 : 남자의 75~85% 내외

(출처 : 국군체육부대 체육과학 연구실 군체력검정 길라잡이 (2015))

(3) 팔굽혀 펴기

근력 감소량은 25세기준 매년 남자 0.25kg, 여자 0.20kg 감소(출처 : 국군체육부대 체육과학 연구실 군체력검정 길라잡이 (2015), saltin,B(1990). Health and Exercise Performance),여성의 동적 상지근력은 동일 연령대 남자의 50% 내외 수준(출처 : 국군체육부대 체육과학연구실 군 체력검정 길라잡이(2015), Wilmore, J.H.&Costill,D.L(1991). Training for Sport and Activity)

(4) 윗몸일으키기

복근지구력 감소량은 25세기준 매년 0.3회/분(0.6회/2분) 감소(출처 : 국군체육부대 체육과학 연구실 군 체력검정 길라잡이 (2015), saltin,B(1990). Health and Exercise Performance),여성의 동적 복근지구력은 동일 연령대 남자의 70~80% 수준(출처 : 국군체육부 체육과학연구실 군 체력검정길라잡이(2015), McArdle. W.D.& Katch,V.L(1981). Exercise Physiology)

부 록

1. 체력평가
2. 태권도 훈련지침(육군)
3. 대진표 작성법

부 록

1 체력평가(국민체력인증센터 인증서)

국민체력인증센터의 체력인증서 취득(1~3급)	➡	간부 선발 전형에 인증서 제출(全신분 가능)	➡	서류전형으로 반영 · 평가

- 체력인증센터에서 공인인증서(1~3급) 취득 후 선발과정별 서면제출
- 체력측정 인증제 유효기간 : 면접일 기준으로 6개월 이내 발급된 인증서
- 체력측정 결과 반영 : 인증급수에 따른 차등 점수제

* 문의 : 042) 550-1151

* 문체부 산하 국민체력인증센터

- 체력측정 분야 : 7개(근력, 근지구력, 심폐지구력, 신체구성, 유연성, 민첩성, 순발력)
- 측정관 및 측정기기 : 국가공인자격을 갖춘 체력측정사 의해 측정, 전자센서 장비 활용
- 인증장소 : 전국 43개 인증센터가 운용 中(본인 희망의해 신청 및 평가 가능)

※ 문체부가 지원하고 국민체육진흥기금으로 운영되는 무상체육 복지서비스

성별	연령대	건강 체력 항목: 근력	근지구력	심폐지구력(택1)		유연성	운동체력항목(택1): 민첩성	순발력
		상대악력(%)	교차윗몸일으키기(회)	20m왕복오래달리기(회)	트레드밀/스텝검사(최대산소섭취량,ml/kg/min)	앉아윗몸앞으로굽히기(cm)	왕복달리기(초)	제자리멀리뛰기(cm)
남	19~24	62.6	55	61	48.9	16.1	9.9	229
	25~29	62.4	51	53	48.9	14.9	10.3	223
	30~34	62.6	47	48	48	14.2	10.6	219
	35~39	62.1	45	44	47.7	14	10.9	214
	40~44	62.8	44	43	45.7	14.2	11	209
	45~49	62	41	41	43.1	13.6	11.3	202
	50~54	60.5	38	36	41.8	13.9	11.8	192
	55~59	59.4	35	31	41.8	13.3	12.3	183
	60~64	56.8	31	25	39.2	11.8	13.1	170
여	19~24	46.6	36	31	43.9	19.7	12.3	162
	25~29	47	33	28	42.3	18.5	12.7	156
	30~34	49.6	31	26	38	18.2	12.9	154
	35~39	47.5	31	25	37.5	18.9	13	155
	40~44	47.1	30	24	37.1	18.8	13.1	153
	45~49	46.2	28	23	36.1	18.9	13.4	148
	50~54	44.7	24	21	35	19.6	13.8	138
	55~59	43.2	20	18	33.3	19.5	14.5	129
	60~64	41.9	17	14	32.6	19.6	15.3	120

〈성인 1급 체력인증 기준〉

* 체력측정 지원 및 평가절차(인터넷 지원 및 지역별 인증센터방문 평가)

1. 체격측정 : ① 신장 ② 체중 ③ BMI ④ 체지방율
2. 체력측정
   ① 근력(상대악력)
   ② 근지구력(**교차 윗몸일으키기**)
   ③ 심폐지구력(20m **왕복 오래달리기**)
   ④ 유연성(앉아서 윗몸 앞으로 굽히기)
   ⑤ 민첩성(10m 왕복달리기)
   ⑥ 순발력(제자리멀리뛰기)

⇨ **측정결과에 따라 1・2・3급 인**

국민체력관리 신청절차

국민체력 관리

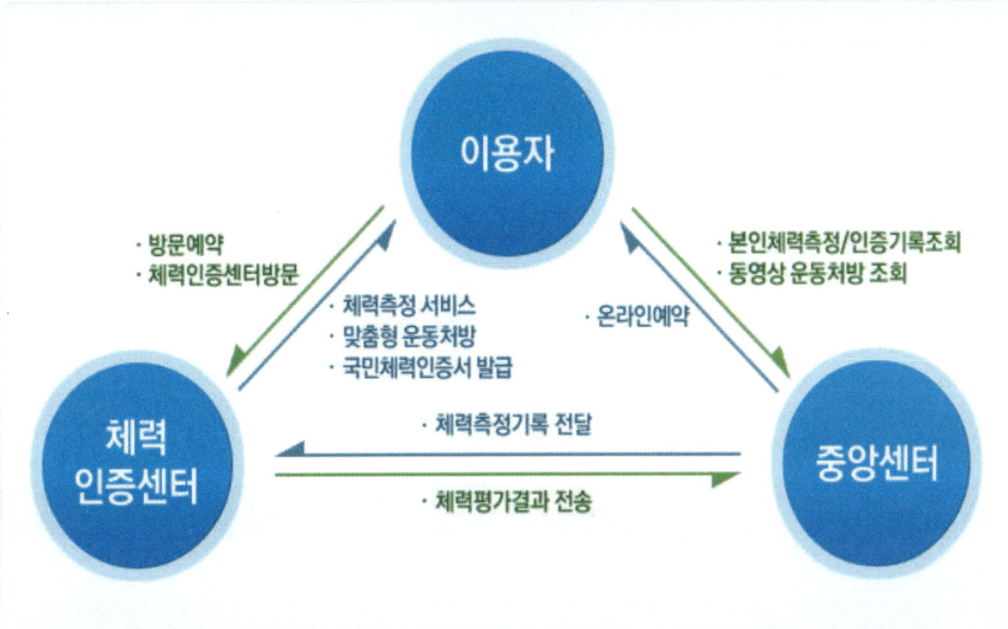

국민체력100 인증 단계란?

성별, 연령별 각 검사 항목의 백분위와 외국의 체력 인증 단계를 참고하여 최소한의 건강 유지에 필요한 체력 수준 (3등급), 활발한 신체활동 참여에 필요한 체력 수준 (2등급), 그리고 다양한 스포츠에 도전하여 활력적이고 주도적으로 활동할 수 있는 체력 수준 (1등급)에 대한 전문가들의 합의를 바탕으로 세 단계로 국민체력인증 단계가 개발됨

[성인기 체력인증단계]

체력 인증 프로그램	인증단계	인증기준
국민체력100 NFA (National Fitness Award)	1등급	신체조성을 제외한 나머지 5개 검사기록이 모두 인증기준 상위 30% 이내
	2등급	신체조성을 제외한 나머지 5개 검사기록이 모두 인증기준 상위 50% 이내
	3등급	신체질량지수(BMI) 또는 체지방률이 권장 범위에 있으며 건강 관련 4개 검사기록이 모두 인증기준 상위 70% 이내
신체조성 건강권장범위	7% < 남자 체지방률 < 25% , 18kg/㎡ < 남자BMI < 25kg/㎡ 16% < 여자 체지방률 < 32% , 18kg/㎡ < 여자 BMI < 25kg/㎡	

체력측정 신청방법

온라인 접수

회원가입 후 온라인상으로
체력측정신청서를
작성해 주시면 됩니다.

방문 접수

해당 체력인증센터에
방문하시어
신청서를 작성해
주시면 됩니다.

전화 접수

해당 체력인증센터의
담당자와 연락 후
신청이 완료 됩니다.

성인기(만19세~64세) 체력측정항목

구분	요인		측정항목
체격	신장		신장(cm)
	체중		체중 (kg)
	체질량지수		신체 질량 지수 (BMI) 동영상 보기
	신체구성		체지방율(%) 동영상 보기
체력	건강관련 체력	근력	상대악력 동영상 보기
		근지구력	교차윗몸일으키기 동영상 보기
			윗몸말아올리기 동영상 보기
		심폐지구력	왕복오래달리기 동영상 보기 음원 다운로드
		유연성	앉아서 윗몸 앞으로 굽히기 (cm) 동영상 보기
	민첩성		왕복달리기 동영상 보기
	순발력		제자리멀리뛰기 동영상 보기

성인기 인증 기준

1등급

신체조성을 제외하고 건강관련 체력검사항목이 모두 70% 이상이며 운동관련 체력검사항목 중 한 가지가 70% 이상

성별	연령대	건강 체력 항목					운동체력항목(택1)	
		근력	근지구력	심폐지구력(택1)		유연성	민첩성	순발력
		상대악력(%)	교차윗몸일으키기(회)	20m왕복오래달리기(회)	트레드밀/스텝검사(최대산소섭취량,ml/kg/min)	앉아윗몸앞으로굽히기(cm)	왕복달리기(초)	제자리멀리뛰기(cm)
남	19~24	62.6	55	61	48.9	16.1	9.9	229
	25~29	62.4	51	53	48.9	14.9	10.3	223
	30~34	62.6	47	48	48	14.2	10.6	219
	35~39	62.1	45	44	47.7	14	10.9	214
	40~44	62.8	44	43	45.7	14.2	11	209
	45~49	62	41	41	43.1	13.6	11.3	202
	50~54	60.5	38	36	41.8	13.9	11.8	192
	55~59	59.4	35	31	41.8	13.3	12.3	183
	60~64	56.8	31	25	39.2	11.8	13.1	170

여	19~24	46.8	36	31	43.9	19.7	12.3	162
	25~29	47	33	28	42.3	18.5	12.7	156
	30~34	49.6	31	26	38	18.2	12.9	154
	35~39	47.5	31	25	37.5	18.9	13	155
	40~44	47.1	30	24	37.1	18.8	13.1	153
	45~49	46.2	28	23	36.1	18.9	13.4	148
	50~54	44.7	24	21	35	19.5	13.8	138
	55~59	43.2	20	18	33.3	19.5	14.5	129
	60~64	41.9	17	14	32.6	19.6	15.3	120

성인기 체력

성인 체력이란

성인 체력	체력이란 단순하게 일상생활이나 신체활동을 할 때 우리의 몸이 적극적으로 활동할 수 있는 능력을 말한다. 넓은 의미에서는 인간이 사회의 한 구성원으로서 능률적으로 활동해 나갈 수 있는 신체 활동의 종합적 능력이라고 말할 수 있다. 체력은 주변 환경의 변화에서 오는 각종 스트레스를 견더내는 방위체력과 운동을 일으키고 지속시키며 조절 할 수 있는 행동체력으로 구성 된다. 방위체력은 기온, 기습, 기압, 가속도의 변화와 대기 및 수질오염 등의 물리화학적 스트레스에 견디는 능력, 세균, 바이러스, 기생충 등에 의한 생물학적 스트레스에 견디는 능력, 공복, 불면, 갈증, 피로, 시차와 같은 생리학적 스트레스에 견디는 능력, 불쾌감, 긴장, 고민, 슬픔, 불만 등과 같은 심리적 스트레스에 견디는 능력을 말한다. 행동체력은 8개의 요소로 구분된다. 그 중에서 근력, 순발력, 근지구력, 심폐지구력은 운동의 조정능력에 포함된 체력 요소들 보다 매우 가역적인 특성이 있는 에너지 체력 요소들이다. 따라서 규칙적인 운동에 의해 쉽게 향상되기도 하지만 운동을 중지 하면 그 동안의 운동효과가 단기간에 소멸되고 만다. 그러나 협응성과 같은 조정능력들은 비에너지적 체력요소들로서 비교적 영구적인 속성을 지니고 있다. 즉 한번 기술을 익히게 되면 장기간 동안 그 능력을 상실하지 않는다.

[성인기 체력의 분류]

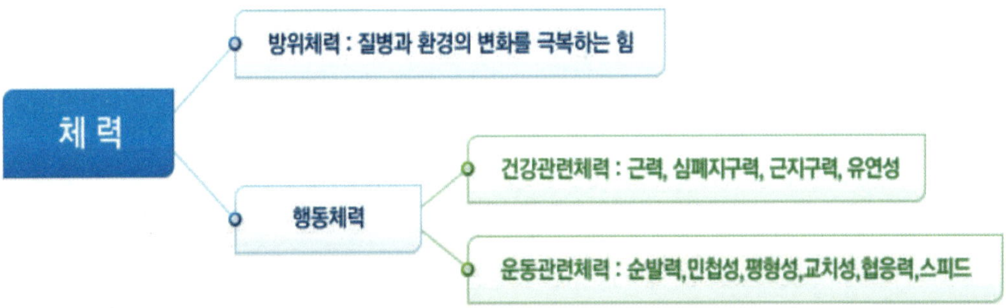

건강관련체력과 운동관련체력

건강관련체력 (health-related fitness)

근력 및 근지구력, 심폐지구력, 유연성, 신체 조성(체지방률) 등의 체력 요소를 말한다. 일반적으로 성인기 이후에 연령의 증가 와 함께 인체 기관의 생리적 기능이 감퇴되어 발생되는 질병을 성인병이라고 하는데, 이러한 성인병은 운동 부족, 영양 과잉, 스트레스 등의 잘못된 생활습관에 의하여 발병 연령이 계속 낮아지는 추세를 보이고 있다. 이러한 성인병은 대부분 규칙적인 운동을 통한 신체 기관의 기능과 체력을 발달시킴으로써 예방할 수 있다는 사실이 밝혀지면서 체력 향상을 위한 운동이 중요한 건강관리 수단으로 등장하게 되었다.

운동관련체력 (Skill-related fitness)

빠르고 폭발적인 동작, 복잡한 기술 동작 등 스포츠에서 요구되는 기술을 효과적으로 발휘하는 데 필요한 스피드, 순발력, 평형 성, 협응성, 반응시간, 민첩성 등의 체력요소가 포함된다. 스피드는 신속하게 움직일 수 있는 능력을 말하고, 순발력은 얼마나 빠르게 큰 힘을 낼 수 있는지를 말한다. 평형성은 정적 또는 동적 상태에서 몸의 균형을 얼마나 잘 유지하는지를 말하고, 협응력 은 신체의 각 부위가 조화를 이루면서 원활하게 움직일 수 있는 능력을 의미한다. 그리고 민첩성은 신체의 방향을 신속하게 바꿀 수 있는 능력을 뜻하며, 반응시간은 빛, 소리, 접촉 등과 같은 자극에 반응하는데 요구되는 시간을 말한다.

체력 용어에 대한 정의

신체활동 (Physical Activity)

NHFA	대골격근을 사용한 움직임(예: 걷기, 계단오르기, 정원가꾸기, 스포츠활동, 일과 관련된 활동)
USSG, ACSM	골격근의 수축에 의해 생성되는 신체의 움직임으로, 이와 함께 에너지의 소비가 증가하는 신체의 움직임
USHHS	ACSM과 USSG의 정의에 추가하여 "신체활동"은 건강을 강화시키는 신체의 움직임으로 정의됨
MHLW	안정된 상태보다 많은 에너지를 소비하는 모든 움직임으로 정의

운동 (Exercise)

NHFA	체력, 운동수행력, 건강 또는 사회적 관계를 개선하기 위한 구체적인 목표를 가지고 레크리에이션, 여가에 참여하는 계획된 신체활동
USSG	체력의 하나 또는 그 이상의 요소를 향상 또는 유지하기 위하여 수행된 계획되고, 구조화된 반복적인 신체 움직임
MHLW	신체활동 중에서 체력의 유지, 향상을 목적으로 한 계획적이고 의도적으로 실시하는 것

생활활동 (Living activity)

MHLW	신체활동 중에서 운동이외의 것으로 직업활동 중의 것도 포함.

중강도활동 (Moderate Activity)

NHFA	운동 중 대화가 가능한 수준의 활동적인 강도
ACSM	대부분 건강한 성인을 위해 절대적인 중강도 운동은 3-6 METs의 범위임. 개인에 따라 차이가 있으므로, 개인의 능력범위내에서 잘 유지될 수 있는 운동강도로, 비경쟁적으로 약 45분간 편안하게 유지될 수 있는 운동 강도임. 만약 운동능력을 안다 면 40-60% VO2max 사이임

격렬한 / 고강도 활동 (Vigorous Activity)

NHFA	체력수준에 의존적이지만 높은 강도의 활동으로 발한과 숨을 헐떡 또는 헉헉거리게 하는 정도의 운동강도
ACSM	대부분의 건강한 사람의 경우, 6 METs(대사당량)를 초과하는 운동강도 또는 운동능력이 알려진 경우 60% VO2max를 초과 하는 운동 강도

체력 (Physical Fitness)

USSG, ACSM	신체활동을 수행하기 위한 능력과 관련된 것으로 사람들이 가지고 있거나 얻어야 하는 일련의 속성이나 특성

분야별 운동방법

1. 근력과 근지구력

근력 (muscle strength) 이란?

근육이나 근조직이 단 한 번 수축할 때에 발휘할 수 있는 최대의 힘을 뜻한다. 근력은 근수축에 동원되는 근섬유의 수에 의해 결정된다. 근수축에 동원되는 근섬유의 수가 많을 때에는 근력이 강하고, 적을 때에는 근력이 약하다. 근력향상은 근육의 움직임이 향상되는 것으로 근력이 발휘되는 과정은 근수축보다는 근활동이 적합하다.

근지구력 (muscle endurance)이란?

저항에 대하여 반복하여 힘을 내는 것 또는 수축을 지속적으로 할 수 있는 능력을 말한다. 이것은 최대하 수축 또는 홀딩타임(등척성 근지구력)의 반복으로 정의되고 측정될 수 있다. 근지구력은 여러 많은 작업과 스포츠 활동에서의 성공적인 수행을 위한 필수적 요소중 하나이다. 일단 반복되는 훈련을 수행하기 위한 근력을 갖게되면, 수행의 향상은 근지구력, 즉 지속할 수 있는 능력에 달려 있다고 볼 수 있다.

근력 · 근지구력향상

근력 향상은 근육의 움직임이 향상되는 것이라 할 수 있다. 흔히들 근력은 골격근의 수축에 의해 발생한다고 표현한다. 여기서 말하는 수축은 근육 길이의 변화라고 얘기할 수 있으나 근육의 길이가 늘어나거나 변화가 없어도 힘이 발생되는 경우도 있으므로 근력이 발휘되는 과정은 근수축보다는 근활동(muscle action)이라고 하는 것이 적당할 것이다.

등척성활동 vs 단축성활동 vs 신장성활동

운동형태	근수축		특징	근길이 변화
동적 수축	단축성 (concenctric)	등장성(isotonic)	운동하는 관절의 각도에 따라서 근육의 길이가 변화	감소
		등속성(isokinetic)	안정성 있게 빠른 시간 안에 근력강화 기능	
	신장성(eccentric)		파워 능력의 극대화 선수 훈련에 많이 사용	증가
정적 수축	등척성(isometric)		신경근육조직기능 향상 (neuromuscle tissue)	변화없음

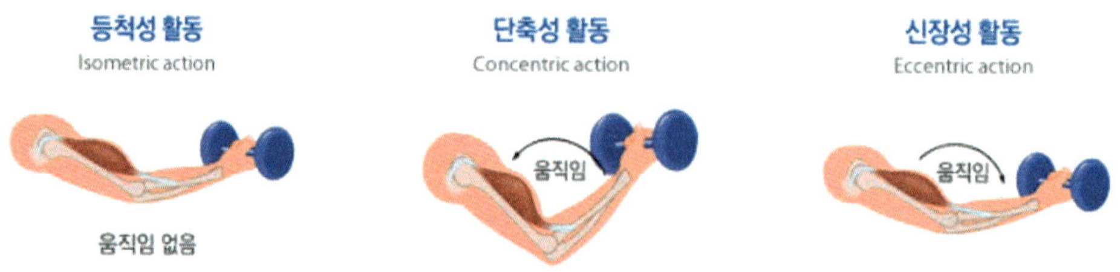

등척성 활동(isometric action)

정적(static)운동. 등척성 활동은 일반적으로 신체의 자세를 유지하기 위해 정적인 신체위치를 유지하기 위한 근활동 형태이다. 예를들어 팔꿈치를 살짝 구부린 상태에서 덤벨을 들고 움직임의 변화 없이 버티기 위해서는 힘은 들어가지만 근육 길이의 변화는 없는 형태이다.

등장성 활동(isotonic action)

동적(dynacim)운동. 등척성운동과 반대로 아령을 들어올리고 내릴 때와 같이 근육 내 장력의 증가 와 함께 관절의 변화도 함께 일어나는 경우이다.

단축성 활동(concentric action)

덤벨을 들어올릴 때의 위팔 두갈래근의 작용 같은 신체의 움직임과 함께 근육의 길이가 짧아지는 활동

신장성 활동(concentric action)

덤벨을 들고 천천히 팔꿈치를 펼 때의 위팔 두갈래근의 작용과 같은 신체의 움직임과 함께 근육의 길이가 늘어나는 활동

근력 향상을 위한 운동형태

근력을 향상시키기 위한 트레이닝을 일반적으로 웨이트트레이닝이라고 한다. 웨이트 트레이닝은 덤벨이나 바벨, 또는 웨이트 머신을 이용하여 신체에 부하를 주는 운동을 말한다. 근력을 향상시키기 위한 웨이트트레이닝을 스포츠센터와 같은 시설을 이용한 피트니스 엑서사이즈(Fitness Exercise)와 집이나 근처공원에서 실시할 수 있는 홈엑서사이즈(home exercise)로 분류하였다.

분류	운동형태	특징
피트니스 엑서사이즈 (Fitness Exercise)	웨이트 트레이닝 BOSU Ball 트레이닝	- 전문적인 기구를 이용하여 효과 증대. - 대상이 중급자 이상의 운동자에게 강한 운동부하 기능. - 특정 신체 부위를 집중적으로 트레이닝 가능. - 시설이나 기구 등의 비용이 비교적 많이 듦.
홈 엑서사이즈 (Home Exercise)	짐볼, 탄력밴드, 물병, 의자, 쇼파, 침대, 책상	- 기구들을 주변에서 쉽게 구할 수 있음. - 시간적, 공간적, 경제적 제한이 적음. - 자신의 체중을 부하로 이용하기 때문에 상해 위험이 적고 운동강도나 운동횟수 조절이 용이함. - 운동부하가 적어 어느 정도 이상의 효과를 기대.

2. 심폐 지구력

심폐지구력(cardiovascular endurance) 이란?

전신지구력이라고도 하며, 대근 활동을 포함한 신체 활동을 계속적으로 지속할 수 있는 능력으로서 장시간에 걸쳐 수행할 수 있는 작업량을 말한다. 이는 가장 중요한 체력 요건 중의 하나로, 필요한 영양분 특히 산소를 근육에 공급하고 장시간의 운동 후 생기는 노폐물을 제거하는 능력을 말한다. 여기에는 심장, 폐장, 혈관의 효율적인 기능이 포함된다 .

종류	운동강도	심박수 변동	운동종목
전신지구력 운동	비교적 일정함	일정함	걷기, 조깅, 수영, 사이클, 줄넘기, 크로스컨트리스키, 스케이트, 조정
혼합운동	강 · 약 혼합	변화함	경기에어로빅, 등산, 테니스, 배드민턴, 스쿼시, 축구, 농구

심폐지구력 향상을 위한 운동형태

심폐기능을 향상시키기 위한 효과적인 운동형태는 큰 근육을 사용하고 비교적 장시간 지속되도록 운동 동작이 리듬감 있는 전신지구력 운동형태를 갖도록 해야 한다. 또한 운동형태를 선택할 때에는 재미있어서 운동프로그램을 지속할 수 있으며, 자신의 체력에 알맞아 편하게 실시할 수 있어야 한다. 또한 부상이 잦은 부위가 있다면 그 부위에 무리가 되지 않는 운동을 선택하는 것이 좋다. (예) 걷기, 달리기, 자전거타기, 수영 등. 테니스, 축구, 농구 등과 같은 구기종목도 심폐지구력을 향상에 도움을 준다.

걷기

걷기 운동은 특별한 장비나 경제적인 투자를 하지 않아도 할 수 있는 유산소성 운동이다. 운동으로 걷기를 할 때는 천천히 걷기부터 시작하여 경쾌하고 약간 빠른 정도까지 속도를 늘리는 것이 좋은데, 이것은 걷는 사람의 운동 수준에 따라 조절하여 실시하도록 한다.

운동 시에는 보폭을 자신의 신장에서 100을 뺀 정도의 너비로 하여 50~100m/분 정도의 속도로 걷는것이 적당하다. 보폭이 너무 넓을 경우 근육에 무리가 될 수 있으며, 좀 더 많은 근육이 동원된다고 하더라도 걷는 속도가 느려지기 때문에 전체적으로 봤을 때 운동 효과에는 차이가 없기 때문이다. 걷기는 전신운동으로 만약 하루의 만보 걷기를 매일 실시할 경우에는 건강 성인의 주당 운동 목표인 2000kcal 소모가 가능하다.

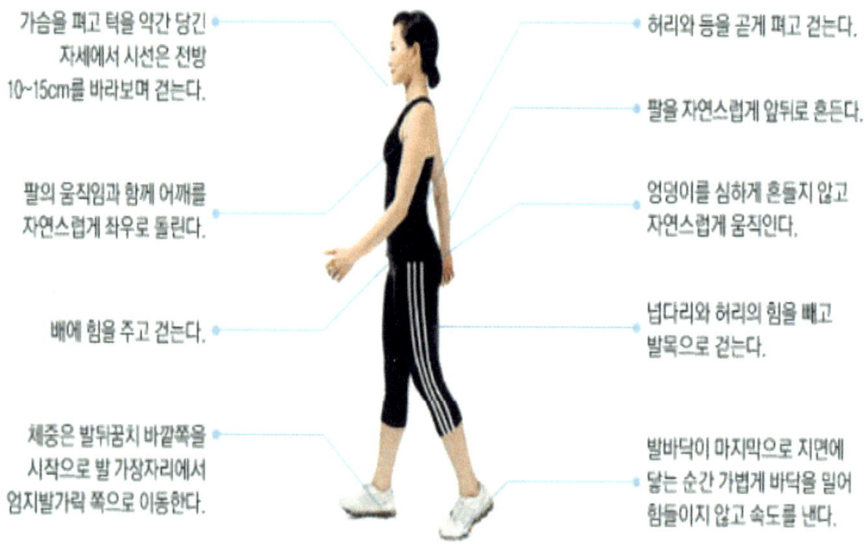

[올바른 걷기의 자세]

조깅

조깅은 시작단계에서부터 원하는 대로 달리기 어렵고, 즐겁지 않을 수도 있다. 따라서 조깅을 습관화시키기 위해서는 처음 3개월간 운동을 지속할 수 있는 개인의 의지가 필요하다. 이를 명확히 하기 위해서는 조깅의 목표와 구체적인 실천계획을 수립해야 한다.

- 전신지구력의 효율적인 향상
- 바른자세 유도
- 허리통증 감소
- 걷기에 비해 많은 칼로리 소모
- 전신 근육 단련
- 셀룰라이트(cellulite) 해소
- 자연스러운 걷기 자세에 도움

[올바른 조깅 자세]

자전거 타기

자전거타기는 재미있으면서도 활동량이 많은 운동이다. 이것은 조깅이나 걷기 운동 대신에 유산소성 운동으로 실행할 수 있으며 일주일에 4~5회 20분~60분간 실시하면 심폐기능을 향상시키는데 유익하다. 이보다 더 많은 운동량은 피로를 유발하여 오히려 해가 될 수 있으므로 자신의 체력에 맞는 적당한 양의 운동을 하는 것이 좋다.

분류	장점	단점
고정식 자전거타기	- 실내의 작은 공간에서도 운동가능 - 계절이나 날씨에 관계없이 운동가능 - 페달의 부하를 조절하여 운동강도 조절 가능	- 실내에서의 운동이 다소 지루할 수 있음
야외 자전거타기	- 야외활동으로 인한 즐거움 - 비가 오거나 날씨가 안 좋을 경우 운동하기 어려움	- 주행 경로의 환경에 따른 위험요소가 있음

[올바른 자전거 자세]

자전거타기의 효과

· 넙다리부의 근력발달에 효과적

· 하체부담 최소로 비만한 사람이나 무릎 및 발목을 자주 다치는 사람의 경우에도 안전하게 운동할 수 있음

자전거타기 시 주의사항

· 자전거를 자신의 신체에 맞게 조정한다.

· 편안한 자세로 앉고 페달링은 천천히 시작한다.

· 운동 시 바른 자세를 유지한다.

· 운동의 강도를 다양화 한다.

[자전거타기의 바른 자세]

[야외 자전거타기의 바른 자세]

등산

등산은 심폐 지구력, 근지구력, 균형감각을 키우고 혈압 조절과 체지방을 분해해주는 효과가 있는 유산소성 운동이다. 평상 시 생활에서는 평지를 걷는 수평이동이 대부분이지만 등산은 수평이동 뿐만 아니라 경사에 따라 수직 이동도 하게 된다. 그렇기 때문에 평지를 걷는 것보다 좀 더 힘들고 숨이 차며 경우에 따라 다리에 근육통이 생길 수도 있다. 이러한 현상을 예방하기 위해서는 무리하지 말고 짧은 거리와 낮은 경사도부터 시작하여 점차 거리와 경사도를 증가시키는 것이 바람직하다.

산행 법

· 초보자일 경우, 20분 걷고 5분 휴식, 또는 30분 걷고 5분 휴식하는 식의 방식이 좋다. 초보자의 경우 급한 마음에 보폭을 너무 넓게벌려 걷는 경우가 있는데, 이 경우 상하운동이 심해져서 쉽게 피로해진다. 보폭은 성인의 경우 보통 75cm, 분당 114보 정도가 적당하며 걸을 때는 밸런스를 유지하여 일정한 리듬으로 걷도록 한다.

· 코와 입을 적절히 사용해서 걷는 동안 호흡이 원활하게 해야 한다. 코로만 호흡하게 되면 산행 중에 필요한 다량의 산소를 모두 흡수할 수 없다.

· 하산 시에는 걷기가 쉽다고 해서 함부로 달리듯이 내려오면 안 된다. 체중과 배낭의 하중 때문에 무릎관절이나 발목에 갑작스럽게 충격이 가해지면 무릎 통증이 생기고 물집 등의 원인이 되며 척추에 충격이 가해진다. 하산 시에는 경사가 급할수록 걷기의 속도를 늦춰야 한다.

· 시야를 넓게 확보하고 기구의 변화와 이동 목표설정을 하며 내려가야 한다.

수영

수영은 전신 유산소성 운동이다. 유산소성 운동은 심폐지구력을 향상시키는데 효과적이며, 혈관, 혈액 등의 순환기능을 증진 시켜 폐나 기관지 등의 호흡능력을 향상시켜 산소섭취능력을 높여준다. 수영의 대표적인 영법은 자유형, 배영, 평영, 접영으로 나눌 수 있다.

수영의 장점

- 각자의 체력에 맞게 운동량을 조절해가면서 행 할 수 있다.
- 물속에서 활동하기 때문에 몸 전체에 물의 압력과 저항이 균등하게 미치게 되므로 전신이 고르게 발달된다.
- 호흡 · 순환계의 기능 향상
- 근력, 지구력, 유연성 등을 길러주면서 신체를 균형적으로 발달시켜준다.
- 부력을 이용하여 움직이기 때문에 재활의수단으로 이용된다.

수영의 목표

- 물에 대한 자신감을 기른다.
- 보조 장비를 사용하는데 익숙해진다.
- 신체 단련 및 심장 기능의 회복속도를 빠르게 한다.
- 평형,배영,크롤의 자세 및 기술 향상을 도모한다.
- 기본적인 수상 안전법을 배운다.
- 좌우 교대호흡법을 배운다.
- 접영 기술을 정확하게 배운다.
- 크롤 영법에 이어 턴 기술을 습득한다.
- 200m 개인 혼영을 완성한다.
- 경영 수준에 도달하는 것을 목표로 삼는다.

아쿠아로빅(aquarobics)

아쿠아로빅은 물(aqua)에서 실시하는 에어로빅(aerobics)운동으로, 크고 작은 부상, 수술, 운동과다를 회복하고 건강을 유지하는데 우수한 운동이며 여가선용과 몸매 가꾸기 등의 목적으로 실시하기도 한다. 또한 반복적으로 사용되는 근육군의 과도한 발달로 인한 재발성 부상을 초래할 수 있는 근육 불균형을 해결하고, 자세를 바로잡아 주는 기능을 하기도 한다.

아쿠아로빅의 장점

- 신체 각 부위의 고른 발달 증진 - 전신지구력, 근력, 유연성
- 관절염, 골다공증 예방
- 유산소운동으로 심폐지구력의 향상 및 균형감각 및 근력 향상
- 낮은 상해 발생률
- 원활한 호흡기계의 순환
- 비만해소

아쿠아로빅의 운동법

- 음악에 맞춰 5~10동작의 단체운동 실시
- 횟수 : 각 동작 10~20회 반복
- 세트 : 3~5세트
- 운동시간 : 30~50분 (자신의 운동능력에 맞게 동작 종류, 횟수 및 세트, 시간 등을 설정하는 것이 바람직하다)

3. 유연성

유연성

유연성은 근육이나 일련의 관절이 완전한 가동범위에 걸쳐 유연하게 움직이는 능력을 말한다. 유연성은 골절의 뼈구조와 근육, 인대 그리고 다른 결합조직의 크기 및 힘과 같은 요인들에 의해 제한된다. 유연성 운동을 통해 불균형을 고정해주고 관절 운동범위를 증가시켜 줄 수 있다.

유연성 운동의 효과

1. 근육 불균형 교정 - 2. 관절운동 범위증가 - 3. 근육의 과도한 긴장 감소 - 4. 관절 스트레스 경감

5. 근건 연접부의 확장성 향상 - 6. 근육의 정상적 기능 유지 - 7.최적의 근신경 효율 향상 - 8. 기능향상

자가근막이완기술

자가근막 이완기술은 신경시스템과 근막시스템에 초점을 맞춘 스트레칭의 한 종류이다. 고착되고 결절이 생긴 부위에 폼롤(formroll)과 같은 기구를 이용하여 점진적으로 압력을 가함으로써 골지건기관을 자극하며, 자가발생 억제를 일으키고 근방추의 흥분 감소와 근육의 과도한 긴장을 완화시켜 준다.

이러한 일련의 과정들은 신체의 기능을 최적의 상태로 회복하는 것을 도우며 연부조직의고유수용감각(proprioception)을 초기 상태로 돌아가도록 유도한다. 자가근막 이완기술은 시작하기 전 정적스트레칭 이전에 실시하며 정리운동으로도 실시할 수도 있다. 폼롤이나 테니스 공, 작은 공 등을 이용하여 실시할 수 있다.

▪ 자가근막이완기술의 예 (폼롤스트레칭)

- 목적 : 교정적 유연성
- 효과 : 근육조직의 과도긴장 완화
- 방법 : 20~30초 정도 해당부위 압력 유지

정적스트레칭

정적 스트레칭은 늘어난 근육의 이완(Relaxation)을 하는 동시에 길이신장(Lengthening)을 포함한다. 일반적으로 느리고 일정한 속도로 행해지는데 보통 스트레칭 자세를 30초씩 유지한다. 스트레칭을 행하는 속도가 느리기 때문에 정적 스트레칭은 스트레칭 근육의 근방추 활성이 일어나지 않는다. 일정시간 스트레칭 된 상태를 유지하게 되면 골지건기관은 자극되어 근방추에 억제효과를 발생시키는 데, 자가발생 억제는 근육의 긴장 을 해소하여 결국 근육을 이완시키는 데 도움을 준다.최근의 연구에 의하면 달리기, 도약, 던지기와 같은 동적인 활동을 하기 이전의 정적 스트레칭은 운동결과에 부정적인 영향을 줄 수도 있다고 한다. 정적 스트레칭의 마지막 자세는 천천히 시행되어야 하며 긴장상태의 불쾌감이 적은 상태에서 이루어져야 한다. 신전 자세가 유지되면서 긴장감이 감소하여야 하며 만일 긴장감이 감소되지 않는다면 신전된 자세를 약간 풀어준다. 이 과정을 적용하면 신전 반사의 활성화를 억제시키는 데 도움을 준다.

정적스트레칭의 예 (목부위)

- 목적 : 교정적 유연성
- 효과 : 근육조직의 과도긴장 완화
- 방법 : 15~20초간 유지 1-3세트

능동적스트레칭

능동적스트레칭은 관절의 활동범위 안에서 주동근과 협력근을 사용하는 스트레칭이다. 이러한 스트레칭은 운동 뉴런(Neuron)의 흥분성을 증가시키며 스트레칭되어 있는 근육의 억제를 일으킨다. 예를 들어 누워서 넙다리뒤근의 능동적 스트레칭 할 때는 넙다리뒤근의 길이를 증가시키면서 슬개근의 대상적 억제의 원인인 넙다리네갈래근을 수축시켜 주는 것을 들 수 있다.

능동적스트레칭의 예

- 목적 : 능동적 유연성
- 효과 : 대상적 억제
- 방법 : 1-2초간 유지 5-10회 반복 1-2세트
- 예 : 부위별 능동 스트레칭

동적스트레칭

동적인 스트레칭은 반동을 피하고 어떤 스포츠나 동작 패턴의 특징적인 움직임을 포함한다. 각각의 동작이 익숙해지고 더 잘할 수 있게 되면 각 동작들을 연결하여 수행할 수 있게 된다. 동적스트레칭은 유연성 트레이닝에 변화를 주어 지루해지지 않는 장점이 있다. 또한 동작을 복합적으로 연결함으로써 다양한 근육이 신전되어 훈련 시간을 절약하는 효과가 있다. 적은 양과 낮은 강도의 운동에서부터 시작해야 한다. 동적인 유연성 운동은 균형(Balance)과 협응성(Coordination)을 필요로 하기 때문에 고객은 동적인 유연성 운동을 처음 접하는 과정에서 잠시 동안 근육통을 경험할 수 있다. 동적스트레칭은 관절의 가동범위를 충분히 이용하여 연부조직의 신장성 향상을 시키기 위한 목적으로 실행한다. 관절을 움직이게 하는 힘을 생산하는 근육의 능동적인 신장을 꾀하여 대상적 억제가 일어나게 한다. 3-10개의 동적 스트레칭을 10회 정도 반복하여 1세트 실시하며 운동 전의 준비운동에 적합하다.

동적스트레칭의 예

- 목적 : 기능적 유연성
- 효과 : 대상적 억제
- 방법 : 3-10종류 10회 반복 1세트

고유수용감각신경근촉진 스트레칭

고유수용감각신경근촉진 스트레칭은 원래 신체의 증가된 긴장과 활동근을 이완시키는 목적으로 개발되었다. 그리고 운동선수와 일반인의 관절가동범위를 증가시키는 목적으로 확대 이용되어 왔다. 일반적으로 파트너와 함께 이루어지는 이들 기술은 수동적인 움직임과 능동적 단축성(concentric), 등척성(isometric) 근활동을 모두 동반하는 운동으로 구성되어 있다. 다양한 고유감각신경근 촉진 기술 중에서 가장 많이 쓰이는 것은 근육의 이완을 유지하면서 해당 근육이나 관절을 정적 스트레칭 자세로 유지하는 것이다. 이 정적 스트레칭 자세를 약 10초간 유지한 이후에 약 6~8초간 파트너 혹은 고정된 외부 물체에 대해 강한 등척성 수축 자세를 취한다. 파트너는 상대의 관절이 움직이지 않도록 주의시켜야 한다. 1~2초간의 짧은 휴식 후에 10-30초간의 수동적 스트레칭을 실시하는데, 이때에는 신전되는 정도가 더 증가할 수 있다. 등척성 수축은 각각의 골기건기관을 자극하여 결합조직의 길이를 늘이고 관절가동범위를 증가시킴으로써 두 번째 실시하는 스트레칭 시 근육의 긴장상태를 낮게 유지하도록 돕는다.

유연성 향상을 위한 스트레칭 기술 비교

요인	동적 스트레칭	정적 스트레칭	고유감각성 신경근 촉진법
상해의 위험	높음	낮음	중간
고통의 정도	중간	낮음	높음
스트레칭에 대한 저항	높음	낮음	중간
실용성(시간과 필요한 보조)	좋음	우수함	약함
효율성(에너지 소비)	약함	우수함	좋음
가동범위증가의효과	좋음	좋음	좋음

4. 순발력과 민첩성

순발력 (power)이란?

단위 시간당 발휘하는 폭발적인 힘을 의미하며,순간적으로 힘을 쓰는 운동을 통해 키워진다.

민첩성 (agility)이란?

빠른 동작으로 전신적 동작이나 부분적 동작의 형태나 방향을 빠르게 전환 할 수 있는 능력이다. 따라서 운동에서 일어나는 자극에 대해서 우선 중추신경계가 감지하고 통합하여 다시 말초신경계에 일어나는 흥분을 효과기에 보내어 신체는 적절한 운동을 한다. 따라서 민첩성은 이러한 과정 속에서 신경전달 속도에 의해 좌우된다.

순발력과 민첩성 향상을 위한 운동프로그램

각 단계별 시간측정, 착지지점 제한 (강도설정)

STEP 01	STEP 02	STEP 03	STEP 04	STEP 05
양발로 가벼운 점프하기	좌우방향 전환점프	한발 중심잡기	한발 점프하기	방향 전환하기

점차적으로 단계를 높여가며 빠르고 정확한 동작을 위해서 시간을 측정하고, 착지 지점을 제한하면서 운동강도를 향상시킨다. 순발력 및 민첩성 향상 운동은 점프와 착지동작이 많고 빠르게 움직이는 운동으로 구성되어 있기 때문에 안정성과 자신의 체력 단계를 고려하여 운동을 실시한다.

순발력 운동프로그램 예시

Squat Jump

Knee up running

Twisting Punch

민첩성 운동프로그램 예시

Stepper

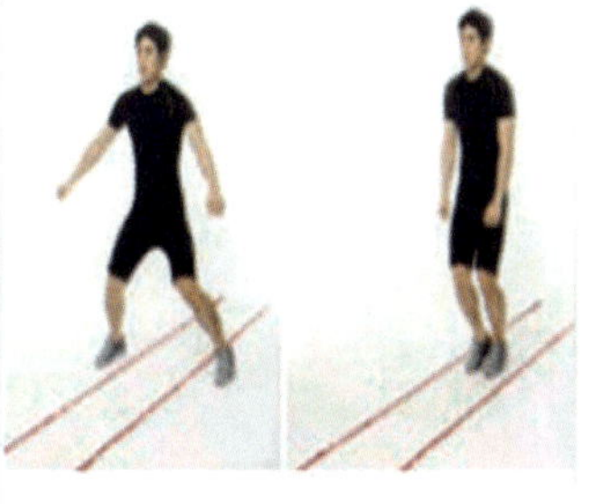
In-Out Jump

Burpee

출처 : 국민체육진흥공단 홈페이지

2 태권도 훈련지침(육군)

1) 훈련실시

(1) 부대유형별 훈련목표(유단자율)를 달성할 수 있도록 각급 부대는 태권도를 훈련과제로 선정 제대별 부대훈련 지시에 반영하여 훈련 실시

(2) 태권도 훈련주안은 승단위주 훈련을 탈피하여 전투기술 숙달위주로 훈련실시

(3) 전 부대의 태권도 훈련시간은 태권도 훈련 가용일에 30분~1시간을 정과시간에 반영 훈련하고, 전투체육의 날은 1~2시간을 반영하여 훈련실시

(4) 필요시 부대 임무수행에 지장이 없는 범위내에서 집중훈련 기간을 설정하여 숙달 가능

(5) 군 입대전 국기원 단증 소유자도 태권도 훈련시간 동일 적용

(6) 태권도 훈련 고질적인 저조자는 개인의 신체적 특징을 고려하여 훈련목표를 하향 조정하여 시행

2) 훈련평가

(1) 승급심사

① 중대장 책임하 월 1회 승급심사, 측정결과 병 생활지도기록부에 기록유지

② 대대장 책임하 분기 1회 승단 응심 자격 심사

③ 연대급 이상 부대는 이의 시행상태를 확인 감독

(2) 승단심사

① 승단심사 제대, 시기

구 분	1 ~ 3단	4 단	5단	6단 이상
심사제대	심사권역별 부대	육 본	국방부	국기원
시 기	분 기 1 회			

※ 3사관학교, 부사관학교는 양성과정별 졸업(수료)전 필히 승단심사 기회제공 (부사관학교 전담 심사관 임명활용)

※ 승단심사 일정은 부대임무 및 훈련주기를 고려하여 계획

② 승단심사 자격기준

응심단	자 격 기 준	심사제대
1단	• 중대 승급심사에서 1~3급 심사합격자 • 입대전 사회유단자(단증 보유자)중 부대승급심사에서 1~3급 심사 합격자	권역별심사
2단	• 1단 승단후 1년 이상 경과자	
3단	• 2단 승단후 2년 이상 경과자	
4단	• 3단 승단후 3년 이상 경과자	육본 (중앙심사)

③ 승단심사 과목

□ **1 단**

과 목	내 용
발 차 기	앞차기, 옆차기, 돌려차기, 뒤 후려차기
기본 6개 동작	기본 6개동작 전부
품 새	태극 1~8장 중 2개 품새 지정
겨 루 기	자유 겨루기(3분이내)
격 파	생 략(격파물 확보시 선택적용-자신감 부여)

□ **2. 3 단 :** 발차기, 기본 6개 동작, 겨루기, 격파 : 1단과 동일

과 목	내 용	필 수
2 단	태극 1~8장 중 2개 품새 지정	고 려
3 단	태극 1~8장, 고려 중 2개 품새 지정	금 강

□ 4 단

과 목	내 용
발 차 기	앞차기, 옆차기, 돌려차기, 뒤 후려차기, 뒤 돌아 옆차기, 내려차기(찍기), 연속 발차기
기본 6개 동작	기본 6개동작 전부
품 새	태극 1~8장, 고려, 금강, 태백 전부 필수
겨 루 기	자유 겨루기(3분이내)
격 파	조립식 격파물 주먹, 손날 격파(1회 허용) 옆차기, 돌려차기 격파(2회 허용)

④ 육군 중앙심사(4단 심사) 방법

- 육군 중앙심사관에 의한 분기별 야전군 단위 순회심사 실시
- 중앙심사관 구성, 심사장소는 응심인원 및 소속부대 위치를 고려하여 별도 계획에 의해 지정

3) 훈련관리

(1) 태권도 훈련성과 향상을 위한 대책 강구

① 태권도 훈련에 대한 지휘관심 경주
② 태권도 훈련 시간 준수, 타임무로 전환 사용 금지
③ 수준별 학급편성으로 흥미유발, 훈련성과 제고
④ 중, 대대 단위 자체교관, 조교 양성, 활용
⑤ 심사 시기 임박 집중훈련, 개인의 신체적 특징을 미 고려한 무리한 훈련 강요 등 금지

(2) 태권도 지도 심사관 운용

① 지도심사위원은 매년 육본에서 군사령관 추천을 받아 국방부에 건의하여 임명.

② 지도심사위원은 군사령관 책임하 군단급 이상 제대에 편성, 운용하되 보직은 36개월 이내로 통제

③ 세부운용지침

- 심사의 객관성을 보장할 수 있도록 1개조에 2~3명씩 편성 운용
- 심사결과 현지 발표로 투명성 제고
- 승단위주 심사를 억제하고 부대관리 차원의 병 기본자세 확립 및 예절교육 병행.
- 심사관의 군복착용 심사로 군기강 확립에 기여

④ 지도심사위원 자격요건

- 태권도 공인 4단 이상
- 국기원 사범지도자 교육이수자
- 10년 이상 장기 근속자
- 각군 및 육직부대에서 추천을 받은 자
- 지도심사위원으로 실제 활동이 가능한 자.

3 대진표 작성법

1) 경기운영 형식

경기를 운영하는 형식에는 토너먼트, 리그전, 리그 토너먼트 결합 형식의 3종류가 있다. 어떤 것을 택할 것인가는 그 대회의 성격, 시설, 시간 또는 참가팀 수 등의 제조건을 고려하여 주최자 측에서 결정한다.

(1) 토너먼트 형식

참가팀 참가팀 수가 「2」의 완전 승수(4.8.16.32)가 아닌 경우에는 제1회전에서 어떤 수의 부전승이 나온다. 부전승팀의 수는 참가팀 수보다 큰 「2」의 완전 승수로부터 참가팀 수를 뺀 수이다. 예컨대 참가팀이 27의 경우 부전승팀은 32

에서 27을 뺀 5팀이 되는 것이다.

토너먼트 형식의 경우 전시합수는 참가팀 수보다 1이 적은 수 즉 참가팀이 27개 팀이라면 시합수는 26이 된다.

이 형식을 변형하여 패자에게 다시 시합의 기회를 주는 패자 부활전의 방법도 있다.

(2) 리그전 형식

리그전에 있어서 시합수를 산출하는 공식은 다음과 같다.

$X = \frac{y(y-1)}{2}$, X= 시합총수, y= 참가팀수

(예) 참가팀 수 6인 경우

$X = \frac{6(6-1)}{2}$, $X = \frac{6 \times 5}{2}$, $X = 15$

즉, 시합 총 수는 15이다.

리그전에 있어서 대진을 짜는 방법은 다음과 같다.

	제1시합	제2시합	제3시합	제4시합	제5시합	제6시합	제7시합
a	1-8×	1-7	1-6	1-5	1-4	1-3	1-2
b	2-7	8-6×	7-5	6-4	5-3	4-2	3-8×
c	3-6	2-5	8-4×	7-3	6-2	5-8×	4-7
d	4-5	3-4	2-3	8-2×	7-8×	6-7	5-6

이 표는 참가 팀 수 7 또는 8인 경우인데 8개 팀인 경우에는 이대로 시행하고 7개 팀인 경우에는 8의 숫자가 대진된 시합을 안하면 된다.(즉 표에서 ×표의 시합을 지워버리면 된다.) 이와 같이 참가 팀 수가 기수인 경우에 그보다 1이 많은 우수가 되게 하면 짜면 된다.

참가 팀이 6개 팀인 경우에는 위의 표에 따라 다음과 같이 한다.

	제1시합	제2시합	제3시합	제4시합	제5시합
a	1-6	1-5	1-4	1-3	1-2
b	2-5	6-4	5-3	4-2	3-6
c	3-4	2-3	6-2	5-6	4-5

어느 팀이 어떤 숫자에 해당하는가를 미리 추첨으로 정한다.

(3) 리그 토너먼트 형식

참가 팀을 몇 개의 조로 나누어 조별로 리그전을 행하고 각 조의 상위팀으로 하여금 다시 결승 리그전을 행하여 승자를 결정하는 방법이다. 이 경우 팀간의 결승리그전 대신 토너먼트 형식으로 승자를 결정하는 수도 있다.

2) 리그전 순위 결정 방식

리그전 순위 방식은 다음의 채점법에 의한다.

(1) 전 시합을 통해서 점수가 많은 팀을 상위로 한다.
승~2점, 무승부~1점, 패~0점

(2) 점수가 같을 때는 전시합을 통해 득실 세트율이 높은 팀을 상위로 한다.

$$\text{득실 세트율} = \frac{\text{총득세트}}{\text{총실세트}}$$

(3) 득실 세트율이 같을 때는 득실점률이 높은 팀을 상위로 한다.

$$\text{득실특점율} = \frac{\text{총득점}}{\text{총실점}}$$

(4) 득실점률마저 같을 경우에는
① 두 팀인 경우에는 당해 팀 간의 승패에 의해 결정한다.
② 세 팀인 경우에는 Jury(심사위원회)가 결정한다.

(5) 어떠한 경우일지라도 순위 결정을 위한 재시합은 하지 않는다.

3) 시이트법

토너먼트형식에 있어서 지역적 또는 실질적으로 접근하는 특정 팀들의 조기 대전을 피하게 하는 목적으로 시이트법을 채택하는 수가 있다.

시이트할 팀 수를 몇 팀으로 하는가는 그때 그때의 상황에 따라 결정한다. 다음 실력적인 면에서 4팀을 시이트할 경우에 대하여 말해 본다면 참가팀 12팀이라고 가정할 때 다음 그림에서 우선 팀 번호를 1부터 12까지 붙여 놓고 시이트 순위 A, B, C, D는 A~1, B~12, C~7, D~6으로 넣는다. 이 경우 만일 4팀간에 시이트 순위가 없을 때에는 1, 6, 7, 12의 네곳에서 추첨으로 A, B, C, D 4팀을 넣는다. 그런 후 나머지 8팀은 추첨으로 각 번호에 넣으면 된다.

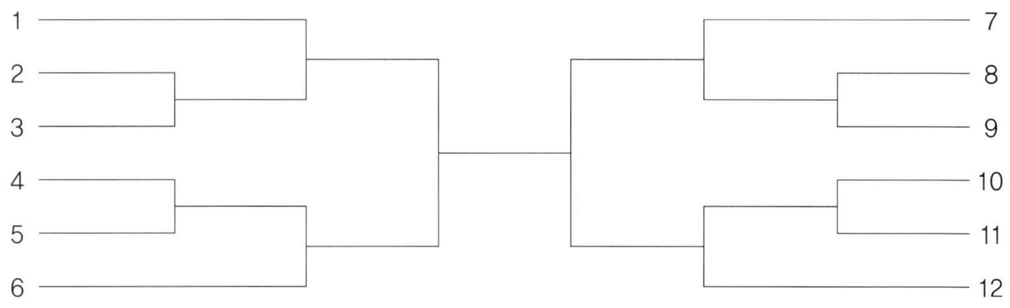

참고문헌

강기석, 태권도 半世紀, 국민체육진흥공단, 2001
이동욱 외 3, 육상경기 지도 방법론, 교학연구사, 2009
이혁 외 1, 생활체육론, 대경북스, 2009
이기현, 그 남자의 몸만들기, 학민사, 2009
한동기, 남자 몸 만들기 4주 혁명, 랜덤하우스, 2008
전태원 역, Body for LIFE, 한·언, 2001.
오재근 역 외 3, 스트레칭 아나토미, 푸른솔, 2009
체육과학연구원, 알고 달리자, 대한미디어, 2006
세종대학교 국민건강증진연구소, 진샘미디어, 2009
국군체육부대(2013). 장병 체력단련 프로그램
국군체육부대(2013). 체력단련 길라잡이
김재우, 서성혁, 이상원, 문준배(2013) 군체력관리론. 형설 출판사
김기학(1995). 체육측정평가. 형설출판사
김도현(2004). 운동인체측정학. 대경북스
강기석(2001) 이야기 한국체육사 태권도, 국민체육진흥공단
강원식, 이경명(1999) 태권도 현대사, 보경문화사
경찰인재개발원(2019), 경찰무도
국기원(2016), 1, 2급 태권도 지도자 연수교재
국기원(2019), 태권도 용어사전, 다락
국기원(2016). 태권도 교본, 다락컴퍼니
국기원(2005). 태권도 교본, 오성출판사
국기원 홈페이지 정보마당
계간태권도지(1989) 합본호 1권~9권
이교윤(1994) 태권도교본
최홍희(1966) 태권도지침, 정연사

〈논문〉

조남민, 군 태권도 수련이 초급간부들의 통솔능력에 미치는 영향, 명지대학교 박사학위논문, 2009

송종철, 육군체육의 활성화 방안에 관한 연구, 중앙대학교, 2000

한병철, 군 체육발전의 변천과정에 관한 고찰 및 발전방향, 상명대학교, 2005

김미양(2001). 일부 군 간부들의 건강증진 행태와 체력검정결과, 연세대학교 보건대학원 석사학위논문.

김상화(2004). 신체적성운동 프로그램 참가가 기초체력에 미치는 영향, 대구대학교 교육대학원 석사학위논문.

김상훈(1997). 12주간의 서키트 트레이닝이 체력행상에 미치는 영향, 한국체육대학교 석사학위논문.

김석련(2002). 기초체력 향상 프로그램의 개발 및 효과에 관한 연구, 명지대학교 예체능연구소.

김선일(2001). 고령남성을 대상으로 생활체육 마라톤 동호인과 조깅 동호인 간의 최대산소섭취량, 체지방률 및 혈액성분비교. 한국체육대학교 사회체육대학원 박사학위논문.

김양훈(2009). 4주간의 복합트레이닝이 신병의 전투체력 향상에 미치는 영향. 위덕대학교 교육대학원 석사학위논문.

김진원(1994). 운동생화학, 태근문화사.

김현수, 김재호, 차광성(1998). 운동습관이 체력단련기능에 미치는 영향. 한국체육학회지. 35, 238-248.

김해규(2008). 학군사관 후보생 기초체력 측정 프로그램 연구, 명지대학교 대학원.

김상민(2009). 10주간 체력단련프로그램이 체력향상에 미치는 효과. 원광대학교 석사학위논문

남상국(1999). 장교후보생들의 체력에 관한 연구, 경희대학교 체육대학원 석사학위논문.

남상익(2002). 트레이닝 프로그램 유형이 중학생의 기초체력향상에 미치는 효과

송준화(1998). 부사관 후보생 체력단련프로그램운영을 통한 국가안보에 적합한 인력양성. 한국융합보안 논문지 제14권 제6호 (2014. 10)

저자소개

정재극

예) 육군 중령(태권도 공인 5단)
한남대학교 법학 박사

전) 군 태권도 심사관, 특공무술 교관
전) 수성대학교 입학홍보처장
현) 수성대학교 군사학과 학과장 / 교수

조남민

예) 육군 중령(태권도 공인 8단)
명지대학교 체육학 박사

전) 국군체육부대 / 국군태권도지도 심사위원
전) 전주기전대학 특전부사관과 교수
현) 경찰청 경찰인재개발원 교수

김병진

예) 육군 소령(태권도/유도 공인 5단)
안동대학교 이학 박사

전) 국군체육부대 훈련과장, 체육과학연구실 군체육연구장교
현) 영남이공대학교 부사관과 교수

윤필규

예) 용인대학교 사회체육학과 졸업
용인대학교 대학원 체육학박사

전) 경운대학교 사회체육학과 교수
현) 경운대학교 군사학과 학과장

정태일

예) 육군 소령(태권도 공인 2단)
영남대학교 환경대학원 석사

전) 육군3사관학교 졸업
전) 육군 대학교 졸업
현) 동주대학교 부사관과 학과장